"中国好设计"丛书得到中国工程院重大咨询项目
"创新设计发展战略研究"支持

丛书

"中国好设计"丛书编委会 主编

制造装备创新设计案例研究

谭建荣　张树有　徐敬华　编著

U0189021

中国科学技术出版社

·北　京·

图书在版编目（CIP）数据

中国好设计：制造装备创新设计案例研究 / 谭建荣，
张树有，徐敬华编著 . — 北京：中国科学技术出版社，
2016.1

（中国好设计）

ISBN 978-7-5046-6865-3

Ⅰ . ①中… Ⅱ . ①谭… ②张… ③徐… Ⅲ . ①机械制
造—工艺装备—设计—案例 Ⅳ . ① TH16

中国版本图书馆 CIP 数据核字（2016）第 005824 号

策划编辑	吕建华　赵　晖　高立波
责任编辑	高立波
封面设计	天津大学工业设计创新中心
版式设计	中文天地
责任校对	杨京华
责任印制	张建农

出　　版	中国科学技术出版社
发　　行	中国科学技术出版社发行部
地　　址	北京市海淀区中关村南大街16号
邮　　编	100081
发行电话	010-62103130
传　　真	010-62179148
网　　址	http://www.cspbooks.com.cn

开　　本	787mm×1092mm　1/16
字　　数	150千字
印　　张	9
版　　次	2016 年9月第1版
印　　次	2016 年9月第1次印刷
印　　刷	北京市凯鑫彩色印刷有限公司
书　　号	ISBN 978-7-5046-6865-3 / TH·63
定　　价	56.00元

总序

　　自 2013 年 8 月中国工程院重大咨询项目"创新设计发展战略研究"启动以来，项目组开展了广泛深入的调查研究。在近 20 位院士、100 多位专家共同努力下，咨询项目取得了积极进展，研究成果已引起政府的高度重视和企业与社会的广泛关注。"提高创新设计能力"已经被作为提高我国制造业创新能力的重要举措列入《中国制造 2025》。

　　当前，我国经济已经进入由要素驱动向创新驱动转变，由注重增长速度向注重发展质量和效益转变的新常态。"十三五"是我国实施创新驱动发展战略，推动产业转型升级，打造经济升级版的关键时期。我国虽已成为全球第一制造大国，但企业设计创新能力依然薄弱，缺少自主创新的基础核心技术和重大系统集成创新，严重制约着我国制造业转型升级、由大变强。

　　项目组研究认为，大力发展以绿色低碳、网络智能、超常融合、共创分享为特征的创新设计，将全面提升中国制造和经济发展的国际竞争力和可持续发展能力，提升中国制造在全球价值链的分工地位，将有力推动中国制造向中国创造转变、中国速度向中国质量转变、中国产品向中国品牌转变。政产学研、媒用金等社会各个方面，都要充分认知、不断深化、高度重视创新设计的价值和时代特征，共同努力提升创新设计能力、培育创新设计文化、培养凝聚创新设计人才。

　　好的设计可以为企业赢得竞争优势，创造经济、社会、生态、文化和品牌价值，创造新的市场、新的业态，改变产业与市场格局。"中国好设计"丛书作为"创新设计发展战略研究"项目的成果之一，旨在通过选编具有"创新设计"趋势和特征的典型案例，展示创新设计在产品创意创造、工艺技术创新、管理服务创新以及经营业态创新等方面的价值实现，为政府、行业和企业提供启迪和示范，为促进政产学研、媒用金协力推动提升创新设计能力，促进创新驱动发展，实现产业转型升级，推进大众创业、万众创新发挥积极作用。希望越来越多的专家学者和业界人士致力于创新设计的研究探索，致力于在更广泛的领域中实践、支持和投身创新设计，共同谱写中国设计、中国创造的新篇章！是为序。

2015 年 7 月 28 日

前言

　　装备制造业为国民经济和国防建设提供生产技术装备，是制造业的核心组成部分，是国民经济发展特别是工业发展的基础。建立起强大的装备制造业，是提高国家竞争力的重要保证。装备制造业既是制造业的基础，也是制造业的创新先锋。

　　"十三五"是我国实现由制造大国向创造强国跨越的关键时期，加快转变经济发展方式，加快建设创新型国家，这是近年来国家明确提出的战略方针。推动中国制造向中国创造转变、中国速度向中国质量转变、中国产品向中国品牌转变，对建设创新型国家意义重大，同时对制造装备创新设计提出了更高要求。

　　《制造装备创新设计案例研究》是中国工程院重大咨询项目"创新设计发展战略研究"的子课题"制造装备创新设计战略研究"（编号：2013-ZD-15-6）的成果汇编。在项目组长路甬祥院士、课题组长谭建荣院士和张树有教授的策划下，将课题部分成果汇编，以飨读者。

　　本书以数控机床、空气分离装备、注塑装备、3D打印装备、铸造成型装备等为研究对象，每一类制造装备按创新设计案例、特征分析和创新设计小结的思路编排，尽可能考虑行业覆盖范围、技术代表性、创新要素、商业模态等，体现我国实施创新驱动对促进装备制造业发展的作用。

本书面向工业领域的装备制造业，其作用旨在提供制造装备创新设计思路，改进创新设计方法，寻找创新设计路径，提取创新设计特征，实现创新设计应用，提升创新设计价值。

本书由谭建荣、张树有、徐敬华编著。本书第1章创新设计案例研究由谭建荣、张树有、洪军提供；第2章创新设计案例研究由谭建荣、徐敬华、周智勇提供；第3章创新设计案例研究由张树有、徐敬华提供；第4章创新设计案例研究由傅建中、贺永、冯涛提供；第5章创新设计案例研究由单忠德、张彦敏提供；第6章创新设计案例研究由顾新建、徐敬华提供。浙江大学机械工程学院设计与产品创新研究中心李瑞森、刘晓健、伊国栋、高彦哲、涂剑锋、何词等参与了编著工作。国家高端制造装备协同创新中心对本书编著工作给予了大力支持。编著过程中得到了中国机械工程学会副理事长、秘书长张彦敏研究员的指导与帮助，在此表示衷心的感谢！

制造装备创新设计案例不胜枚举，特别是近几年国家对创新设计的重视，相信未来我国制造装备创新设计优秀案例将会不断涌现。由于时间紧、精力与水平有限，我们编著的案例集只能是冰山一角，不当之处敬请读者批评指正。

编者

2015 年秋

目录
CONTENTS

CHAPTER ONE | 第一章
高档数控机床创新设计

引 言

机床是一类用于加工零件的装备，金属切削机床在机械制造行业中使用最广、数量最多，是制造业的主要加工装备。

数控机床是在机床基本功能的基础上加入数控单元，利用数控单元控制机床进行零件的加工，因而加工精度高，加工质量稳定，生产率高。在数控机床领域，数控（Numerical Control，NC）是指利用数字化的信息、控制信号对机床各运动部件进行控制，从而控制机床加工零件的轮廓轨迹，实现精确自动化的加工。

数控机床按照功能与加工方式的不同，可以分为以下两类：

（1）普通数控机床

普通数控机床是在传统机床的基础上加入数控单元形成的加工装备。这类数控机床，除了采用数控系统外，其结构和功能基本类似于传统机床。这类数控机床的分类参照传统机床，分为数控车床、数控镗床、数控铣床、数控磨床等。

（2）加工中心

加工中心是在普通机床的基础上，充分发挥数字控制的特点和优势开发的一类机床。其主要特点是具有自动换刀装置，能在一台机床上进行零件的多工序、多工艺的加工。加工中心包括镗铣加工中心、车削中心、钻削中心、磨削中心、车铣复合加工中心等。

在现代机床发展中，数控机床已逐渐不再局限于原有的结构分类体系，而是面向零件加工特征和客户需求不断变化，衍生出多方面功能和性能特点。表1.1列举出了高速、高精、重载、复合、磨削、曲面六大类数控机床的性能与功能特点。

表 1.1	高速、高精、重载、复合、磨削、曲面数控机床性能与特点
机床类别举例	图 例
高速类机床：零件加工效率远高于普通机床的数控机床，包括高速主轴（转速 8000 ~ 60000rpm）和高速进给（高于 5 ~ 10 倍普通切削速度）	HDBS 系列高速卧式加工中心
高精类机床：具有较高的零件加工精度，定位精度达到 0.005mm、0.003mm、0.001mm，能实现微米级甚至亚微米级以上精度的零件加工	TGK 系列高精度数控卧式坐标镗床
重载类机床：能加工大型、重型零部件（电站大型压力容器、大飞机重型结构件毛坯等）的数控机床	BVTM 系列立式铣车复合机床
复合类机床：能进行多种工序、多种加工方式的数控机床	VDL 系列立式加工中心
磨削类机床：包括各类磨床及磨削中心	 B2-K 系列高精度复合磨削中心
曲面类机床：能加工叶轮叶片、齿轮齿形等复杂空间曲面的数控机床	YK 系列数控锥面砂轮磨齿机

1.1 TGK 系列数控卧式坐标镗床案例

TGK 系列高精度数控卧式坐标镗床是我国自主研发的高精密数控机床。机床采用高刚度整体式床身，方便安装；具有三点支撑的优越稳定性；采用"箱中箱"式重型高刚性龙门封闭框架、直结式中央出水机械主轴、直驱式回转工作台、双驱直线进给系统等技术。机床具有粗加工过程中的高刚度和高可靠性、精加工时的高精度和高速运动时移动质量小而轻的高动态性能等突出优点，能实现高速及良好的运动特性和稳定的高精度加工质量，满足了机床高速、高精、高效、高可靠性的切削性能要求，是集现代机、电、光、液、气和信息控制技术为一体的高科技产品。TGK 系列机床外观如图 1.1 所示，其主要技术参数如表 1.2 所示。

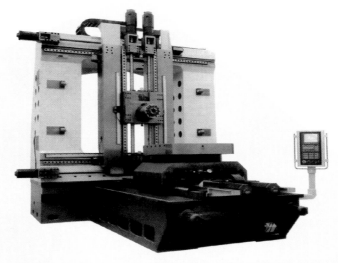

图 1.1　TGK 系列高精度数控卧式坐标镗床

表 1.2			TGK 系列某机床主要技术参数	
	主参数名称	参数值	主参数名称	参数值
工作台	工作台尺寸	1000mm × 1000mm	主轴直径	110mm
	工作台 T 型槽	6mm × 22mm	主轴锥孔	ISO50#
	工作台最大承重	2500kg	主轴转速	10~6000r/min
	工件最大回转直径	φ1400mm	主电机功率	22kW
	工件最大高度	1300mm	主轴最大扭矩	560Nm
定位精度	XYZ 坐标	0.003mm	主轴最大轴向抗力	5000N
	B 坐标	3"	滑板横向行程（X）	1200mm
重复定位精度	XYZ 坐标	0.0015mm	主轴箱垂直行程（Y）	1100mm
	B 坐标	1.5"	工作台滑座纵向行程（Z）	1100mm
	B（4 × 90°）	1"	工作台回转（B）	360° 连续任意分度
	XYZ 轴直线度	0.003mm	快移速度	XYZ 坐标	48m/min
	主轴端部径向跳动	0.001mm		B 坐标	5r/min

注：1°（度）=60′（角分）=3600″（角秒）

获得机床工作台回转精度重复定位精度的测量方式，测量位置为角度每转 90°，测量整个周期 360°。

TGK 系列高精度卧式坐标镗床适用于箱体类、盘类、板件及模具类等复杂零件的精密加工，可进行铣削斜面、框型平面、三维曲面等加工，特别适用于尺寸、形状和位置精度要求高的孔系加工，完成镗、钻、铰、攻丝等工序，还可以作为精密刻线样板、高精度划线样板、孔距及长度测量样板等，广泛用于发动机缸体缸盖、变速箱体、阀体、模具等复杂零件的精密加工。TGK 系列高精度卧式坐标镗床通过选配 AC 头后可实现五轴联动控制加工，适用于风机叶片、模具复杂型面、航空航天铝钛合金、医疗器械领域特殊材料等的加工，是军工、航空、航天、船舶、交通、能源、刀具模具、汽车及机器制造业精密零件加工的理想设备。

创新设计特征分析

TGK 系列高精度数控卧式坐标镗床的创新设计特征主要是通过结构改进设计和支承大件减重优化等途径实现机床精度、刚度、稳定性等方面的性能提升。

（1）数控机床部件改进与精度提升设计

TGK 系列高精度数控卧式坐标镗床由床身、立柱龙门、滑板、工作台、主轴系统、进给系统、液压系统、润滑系统、冷却系统、排屑装置、安全防护装置、数控系统等部件组成。

主轴系统采用中央出水直结式机械主轴结构，直驱动主轴系统通过柔性联轴节单元实现主轴驱动电机与主轴同轴相连，实现低转速区域的中切削以及高转速区域的低发热高精度旋转，能进行高硬度钢高速高精度加工，也适用于产生反向推力的螺旋插补的稳定高精度加工。在实现 10~6000r/min 的全转速区域的高精度主轴回转的同时，能够得到高品质的加工面精度。

直线进给坐标采用伺服电机直驱的双丝杠传动、双光栅尺反馈、高精度滚动直线导轨，直线坐标快移速度达到 48m/min，实现了高速、高精度的机床坐标定位，排除了滚动导轨产生的细微振动，进一步提升了机床高速高精度特性，满足高效率、高精度、高品质的加工需求，可靠性高。

工作台回转进给采用力矩电机传动，直接驱动旋转部件运动，没有中间传动环节，回转传动过程零背隙且没有磨损，配合高精度编码器，实现高精度的工作台回转坐标定位。工作台采用轴向径向转台轴承作为回转支撑导轨，轴承刚性夹紧构造实现高精度和高刚性，实现中切削到高精度平面铣削及镗孔加工。

在以上多重创新设计基础上，TGK 系列高精度数控卧式坐标镗床还进行进一步的细节优化设计。例如，高精度数控卧式坐标镗床原构型采用滑板与主轴箱侧挂的方式，使得滑板、主轴箱、立柱三者所组成的结构，其整体重心在立柱偏向工件一侧，且其形心与重心位置距离较远（机床构型与原立柱结构如图 1.2 所示）。在机床的实际运行过程中，在切削力的作用下，由于整体重心在立柱偏向工件一侧，且其形心与重心位置距离较远，会产生倾覆力矩，导致龙门立柱结构变形，出现勾头的现象，影响机床的加工精度。

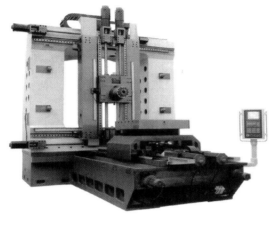

图 1.2　TGK 系列机床原立柱结构

为提高立柱整体刚度，改善机床加工精度与运行稳定性，TGK 还对机床原有布局构型进行改进，立柱与滑板、主轴箱布局构型改进后的结构如图 1.3 所示。由于采用更加紧凑的箱中箱结构，使得主轴箱滑板的重心位置与龙门立柱重心位置更加靠近，立柱构型前端面内凹，可使立柱的重心与形心在 Y 与 Z 方向的位置偏距减少，滑板、主轴箱、立柱三者的整体重心位置也会向 Z 方向偏移。通过进一步的仿真分析与优化，调整滑板结构并内嵌主轴箱，可使得滑板主轴箱结构的重心位置更靠近立柱重心，减少倾覆力矩，增强结构的稳定性。由于主轴向 Z 方向偏移，机床在保持 Z 向行程不变的情况下，可以缩短床身在 Z 方向的长度，使机床更加紧凑。

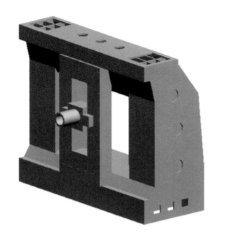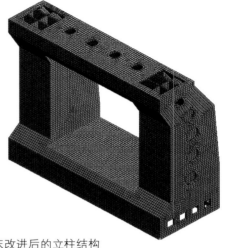

图 1.3　TGK 系列机床改进后的立柱结构

（2）数控机床支承大件减重与刚度强化设计

TGK 系列机床床身为整体式 3 点支撑的封闭箱型铸件结构，热容积全体均等，不易产生扭曲、弯曲变形，维持了机床的整体刚度和稳定的高精度，确保机床的运动精度和强力切削性能。

TGK 系列机床立柱龙门采用优质铸铁的超大重型筋板龙门静态左右对称框架结构，具有高刚性，与传统动立柱相比，移动件质量减轻约 1/3，移动件的重心始终保持在导轨内，可保持移动物体的重心平衡，保证了优良的热稳定性，实现稳定的高精度加工。机床滑板采用整体门式结构，纵横布筋，具有较高的抗弯及抗扭刚度，保证了机床主轴箱在 Y 坐标方向上具有较高的运动精度和稳定性。

> 在 TGK 系列机床结构刚性强化设计基础上，通过对 TGK 系列机床的支承大件进行减重优化设计，可以降低机床用材量，提高机床动静态特性，实现机床性能的进一步提升。TGK 系列机床采用固定床身与固定立柱结构，床身和立柱作为基础支承大件，有较大的拓扑优化空间。支承件拓扑优化过程主要分为支承件约束载荷求解、结合面约束建模、物理模型构建、概念构型设计、结构方案设计、性能分析评价等过程，如表 1.3 所示。

表 1.3　　TGK 系列机床床身减重优化过程

载荷约束建模

物理模型建模

概念构型设计

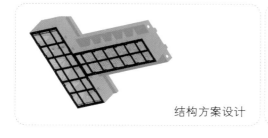

结构方案设计

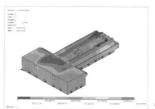

性能分析与评价

　　通过拓扑优化设计，在保证支承件原有结构强度的基础上，对支承件进行了减重，节约了材料，设计前后效果对比如表 1.4 所示。TGK 机床立柱通过改进构型结构，使立柱重心位置向 Z 方向偏移，立柱重心与形心的 Z 向位置偏距由 96.2mm 减少到 31.3mm，通过滑板结构调整与主轴箱内嵌，使得滑板主轴箱结构的重心位置更靠近立柱重心，减少了倾覆力矩，增强了结构的稳定性。通过主轴箱内置，减少了刀具末端至传动丝杠的距离，能够减少偏置产生的精度误差，使机床精度特性得到改善。改进后龙门立柱一阶模态相比原模态，从 59.75Hz 提升到 72.012Hz，增强了立柱的结构刚度，提高了结构的稳定性。另外，通过减重优化设计，在保证支承件性能的条件下，TGK 床身由 11.569t 减少到 10.619t，立柱由 10.485t 减少到 9.727t，平均减重 7% 以上，节约了机床用材。

表 1.4　　　　　　　　　　　　　TGK 系列机床创新设计效果与对比

TGK 系列机床创新设计效果对比			国外同类先进机床设计方法
参　　数	创新设计前	创新设计后	
立柱重心偏置 （ΔX, ΔY, ΔZ）（mm）	（0,164,96.2）	（0,138.3,31.3）	日本森精机 NH8000 DCG 高精度卧式 加工中心
立柱最大变形（μm）	19.4	18.5	●采用重心驱动，提高加工效率，降 低加工过程消耗
立柱一阶固有频率（Hz）	59.75	72.012	●采用直接传动工作台，传动效率高
床身重（kg）	11569	10619	●与基型相比，零部件数目减少 10%，增加机床可靠性
立柱重（kg）	10485	9727	

　　TGK 系列机床的结构改进及减重设计是对现有机床结构形式进行修正优化的改进型方法。机床的减重优化过程主要考虑减轻机床部件重量、简化机床结构、优化运动加工功能等内容。在传统机床设计过程中，对机床的主机结构进行机床设计时，多数采用类比设计法，在原有产品基础上进行变化或改进，通过对原有产品结构进行移植或者尺寸放大，用于新机床结构的设计，是一种粗放型的设计过程，设计余量大，具有较大的结构优化空间。通过对机床进行减重优化，可以节约大量的机床用材。

　　由 TGK 系列机床的结构改进及减重创新设计特征分析可知，数控机床零部件结构改进的目的在于提升机床的总体性能。为此，在设计机床的整体结构时，可采用结构最简单化原则，尽量简化设计，减少不必要的零件数。这是因为每个独立的机床零件都需要一个设计、制造和装配的全过程，并会在机床整机中带来一定的制造误差及装配误差。机床零部件数目的增加不仅使机床的设计制造成本增加，还使得机床的总体性能有所降低。在零件设计过程中，同样采用结构最简单化原则。在机床基础零件设计完成后进行有限元结构分析，在满足刚度前提下，优化改进，减小某些尺寸，让机床重量达到最小，节省资源和能源消耗。对一些运动部件，进行结构优化设计，既可以节材减重，降低资源和能源消耗，又可以减小动部件变形，减少热效应，提高机床精度和精度保持性能。以我国航空航天领域所需机床为例，大飞机的梁、框、肋和壁板的毛坯所用的板材或锻件巨大，一般需要用重型甚至是超重型的多坐标、高速、高刚性、大功率的数控龙门铣床、立式加工中心等数控机床进行加工。在机床设计时简化结构、优化功能、减轻重量，能够节省大量材料，取得良好的社会效益和经济效益。

（3）数控机床新型材料与传动方式创新

TGK系列机床的减重及结构优化设计可以减少大件材料，减少资源消耗，减小动部件变形，减少热效应，提升机床整体性能。为了进一步减少机床的资源和能源消耗，在保证机床精度性能的前提下，还可以对机床的设计制造进行材料创新。材料创新主要是指使用新式材料作为机床零部件的主体材质。新式材料如碳素纤维、陶瓷和复合材料等在机床结构中的应用，使机床结构轻量化、环保化，促进了机床加工设备向高速、精密、复合、智能的方向发展。例如，机床的支承件一般采用铸造成型，大型机床支承件不但铸造不便，而且需要消耗大量的金属资源；如果在大型支承件制造中使用钢板焊接框架结构，并在其中填充混凝土等稳定材料，则可以在提高机床支承件制造效率的同时，节约金属资源的使用，并增加机床支承件的抗振性和热稳定性。针对机床中部分零件受力条件复杂、工作环境恶劣的特点，采用碳素纤维等高强度新材料进行零件制造，充分发挥新材料的高强度特性，提高机床总体寿命，减少机床故障率。针对机床中部分零件摩擦频繁的特点，采用陶瓷等耐磨新材料制造摩擦面，在保证良好的耐磨性能的基础上，减轻了零件重量，降低了零部件的生产加工消耗。目前，新型材料树脂混凝土因其良好的减振性能和热稳定性得到了较快发展。

> TGK系列机床的减重设计和新型材料使用的创新设计，可以减少资源消耗，增加环境友好程度，提高机床的生态化水平，在保证机床关键性能的前提下，还可以进行原理创新，其宗旨为通过机床机电液控系统的综合原理创新，实现动力传递、结合面特性、切削加工及多工艺制造效率等的创新。

以传动系统为例，在新式机床传动方式上，针对传统机床传动链长的缺点，出现了"直接传动"的概念，通过取消从电机到运动部件之间的中间环节，由电机直接驱动运动部件，主要应用对象为机床主轴系统中的电主轴、直线坐标运动中的直线电机等。TGK 系列机床工作台的回转坐标采用力矩电机驱动，也是直接传动的一种方式。直接传动技术具有速度特性好、加速度大、定位精度高、无磨损、低噪声、传动效率高、节省空间的优点；同时，传动零部件数目的减少使机床的布局可以更加紧凑，实现许多新的结构布置方式，使设计人员可以选择高刚性的结构形式，提高机床整体性能。主轴系统由传统的主轴箱创新改进到大功率电主轴，进给系统由传统的丝杠螺母传动创新改进到大行程的直线电机进给传动，是一种机床生态化改进设计的新方向，直接削减了大量零部件的设计制造过程，降低了机床资源与能源消耗，同时也减少了机床传动链过长带来的振动和热效应等问题，大幅度提高了传动效率，进一步提升了机床的生态化水平。

传统的机床主轴传动系统由电机通过带轮输入动力，通过一系列齿轮变速传动，传递到主轴（如图 1.4）；电主轴通过将机床主轴与电机融为一体，取消了带轮传动和齿轮传动，从而把机床主传动链的长度缩短为零，实现了机床主轴的"零传动"（如图 1.5）。

图 1.4　传统机床主轴传动系统

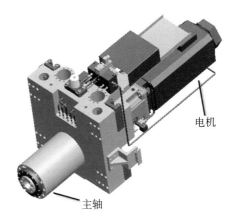

图 1.5　机床电主轴单元

传统的机床进给系统由电机输入旋转运动动力，电机带动滚珠丝杠将旋转运动转化为直线运动，滚珠丝杠带动运动部件（工作台等）实现直线进给运动（如图 1.6）。直线电机是一种将电能直接转换成直线运动机械能，且不需要中间转换机构的传动装置。在机床进给系统中采用直线电机，可以取消原本的滚珠丝杠部件及其安装结构，简化了机床设计制造内容（如图 1.7）。

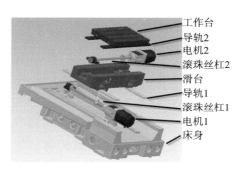

图 1.6　传统机床进给系统结构

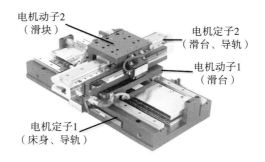

图 1.7　机床直线电机进给系统

小结

　　我国数控机床的创新设计主要集中在机床结构的创新设计上，随着基础科学研究的深入和数控机床技术的进步，以原理创新和材料创新为特征的数控机床生态化设计将具有广阔的发展前景。

　　（1）数控机床的生态化设计技术旨在考虑机床对能源资源的消耗以及对工作环境的影响，以大幅降低机床的设计制造成本，减少环境污染，提高机床的核心竞争力。目前，我国机床企业正在探索新原理、新工艺、新材料的试验应用，积累生态化机床设计经验。随着生态化设计新技术的不断完善，资源、能源、环保等因素的重要性不断提升，数控机床会逐渐全面向生态化方向发展，更多的新型材料及新技术也会应用于数控机床的设计制造过程。

（2）数控机床的生态化设计作为一种创新性设计方法，具有一定的适用域。例如，在机床设计时采用新型材料（碳素纤维、陶瓷、钢板焊接框架混凝土、树脂混凝土等）可以使机床结构轻量化，节省金属资源。但是，机床新材料的使用同时也影响了机床的可回收重用性能。使用传统金属材料的机床通过生态化面向回收重用的设计，可以使报废机床的零部件回收重用率达到或接近100%，而采用新型材料的机床，由于材料的复合、难熔融再生等特性，只能通过作为建筑材料等方式进行二次利用，降低了机床回收重用效益。

（3）数控机床的生态化设计需要克服一系列难题。例如，机床切削新工艺中的干切削技术，考虑切削热量的散发及切屑的排除，一般要求机床具有高速加工特性，限制了机床应用范围；同时，机床总体上也需要附加利于吸尘排屑的结构，增加了机床设计内容，提高了机床的设计制造成本。再如，机床进给中的直线电机技术，可提高机床传动效率，但直线电机耗电量大，加工过程电流波动强烈，对车间供电系统带来严重负荷；直线电机的敞开式磁场，极易受到切屑、粉尘等因素的影响，抗干扰能力及稳定性差；直线电机的线圈发热大，易造成电机动子附近的机床导轨变形，影响机床精度；直线电机的动态刚性低，在高速运动时易引起机床其他部件共振等。

1.2 YK 系列数控磨齿机案例

案例主要技术参数

　　YK 系列数控磨齿机是我国自主研发的齿轮磨削加工机床。成型砂轮磨齿机将砂轮截形修整为与齿轮齿槽相适应的截面，通过砂轮截形与齿轮磨削接触成型法加工齿轮。

　　YK 系列数控磨齿机工作时除分度及修整砂轮时间外，均属有效磨削时间，成型砂轮磨齿机没有锥面砂轮磨齿机高速冲程运动，同时采用深切缓进给磨削和强力冷却技术，在降低齿面磨削烧伤的可能性的同时提高了加工精度，减少了粗磨次数，即分度次数和时间，从而提高了效率。YK 系列数控磨齿机工作时本身动作相对简单且运动平稳，无冲击，实现了较高的机床运动精度。数控砂轮修整器结构进行了精化设计，通过软件系统的精度校正，砂轮修整精度高于工件加工精度，从而提高了成型砂轮磨齿机的齿形加工精度，并可实现特殊齿形的磨削。YK 系列数控磨齿机所有数控轴均采用全闭环控制，在不受磨削力的情况下，光栅和数控系统检测精度远高于工件加工精度，精度已达到测量精度要求，可做测量轴使用，并可直接打印测量数据，省去了齿轮拆卸、运送、检测、再重新调整机床磨削的麻烦及重复定位误差，提高了工作效率。YK 系列机床外观如图 1.8 所示，机床主要参数如表 1.5 所示。

图 1.8　YK 系列数控磨齿机

表 1.5		YK 系列某磨齿机主要技术参数	
参数名称	参数值	参数名称	参数值
最大齿顶直径	φ1500mm	磨具功率	20kW
最小齿根直径	220mm	砂轮直径	φ400 ~ φ300mm
模数	2 ~ 25mm	砂轮最大厚度	63mm
齿数	无限制	砂轮转速（线速度）	34.5 ~ 46.8m/s
最大直齿宽度	710mm	工作台直径	φ960mm
螺旋角	±35°	尾架距台面高度	830 ~ 1330mm
工作台最大载荷	6000kg	工作台高度	1110mm

加工范围列于表左侧（加工范围），机械参数列于右侧（机械参数）。

创新设计特征分析

　　YK 系列数控磨齿机的创新设计特征是基于磨齿机机床模块的配置设计，在机床设计中，通过重用已有机床模块进行组合配置，快速获得新的机床设计方案，节约机床零部件设计时间，将设计要点聚焦于机床整体功能结构上，实现机床设计的短周期、低成本和快速需求响应，是一种基于组合的创新设计。在机床设计中采用模块化配置设计，可满足不同用户的需求，易于产品维修、拆卸及回收。

　　YK 系列数控磨齿机模块化配置设计过程：

（1）数控机床运动、功能分析及模块划分

　　从 YK 系列数控磨齿机总体功能考虑，逐层向下分解，获得一系列独立的机床功能单元，作为机床模块化设计中的最小操作单位，一个功能单元或者多个功能单元组合形成机床模块。YK 系列数控磨齿机的功能分解如图 1.9 所示。

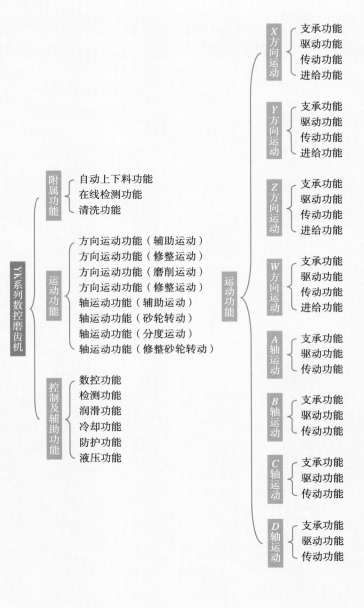

图 1.9　YK 系列数控磨齿机功能分解

将 YK 系列数控磨齿机的功能单元进行编号，如表 1.6 所示。

表 1.6		YK 系列数控磨齿机的功能单元编号			
编　号	功能名称	编　号	功能名称	编　号	功能名称
1	X 支承	13	W 支承	25	C 传动
2	X 驱动	14	W 驱动	26	D 支承
3	X 传动	15	W 传动	27	D 驱动
4	X 进给	16	W 进给	28	D 传动
5	Y 支承	17	A 支承	29	自动上下料
6	Y 驱动	18	A 驱动	30	在线检测
7	Y 传动	19	A 传动	31	清洗
8	Y 进给	20	B 支承	32	数控
9	Z 支承	21	B 驱动	33	润滑
10	Z 驱动	22	B 传动	34	冷却
11	Z 传动	23	C 支承	35	检测
12	Z 进给	24	C 驱动	36	防护

对机床进行零部件分解，YK 系列数控磨齿机机械系统模块主要包括：床身、台面、立柱、工件立柱、滑板、修正器、磨具、支撑架、砂轮平衡架等。YK 系列数控磨齿机电气系统模块包括：供电单元、主机单元、液压单元、冷却箱单元、静压油箱单元、液压油箱单元、静电吸雾单元、电柜照明、机床照明、电柜冷却、服务接口、主轴模块、X 轴模块、Y 轴模块、Z 轴模块、C 轴模块、W 轴模块、A 轴模块、砂轮修整模块、安全继电器、急停开关、三色灯、NCU（Numerical Control Unit，数字控制单元）、TCU（Terminal Control Unit，终端控制单元）、MCP（Master Control Program，主控程序）、PLC 系统（Programmable Logic Controller，可编程逻辑控制器）等。YK 系列数控磨齿机液压系统模块包括：冷却喷嘴、静电吸雾装置、冷却装置、工作台液压系统、主轴液压系统、动力供给装置液压系统、吹气装置等。去除机床中的标准零部件，保留关键零部件，根据功能单元与机床零部件的关联映射关系，完成机床模块划分。划分过程考虑多种因素，对于构成关键零部件的多个功能单元尽量采取组合操作，对于结构关联性弱或体现客户个性化需求的功能单元则尽量保持独立。YK 系列数控磨齿机由功能单元到机床模块的划分如表 1.7 所示，YK 系列数控磨齿机及部分模块模型如图 1.10 所示。

表 1.7	YK 系列数控磨齿机由功能单元到机床模块的划分
功能需求	机床模块
功能 35、36：D 轴运动功能模块	修整砂轮主轴系统
功能 32、33：B 轴运动功能模块	磨削主轴系统
功能 20、21：C 轴运动功能模块	圆台面
功能 1、20：X / C 方向支承功能	床身
功能 9、14：A / Z 方向支承功能	立柱
功能 14、15、16：W 进给运动功能模块	砂轮修整器
功能 5、10、11、12、13、18、19、32、35：复合运动功能模块	砂轮滑板
功能 6、7、8：Y 进给功能模块	砂轮移动装置
功能 2、3、4：X 方向进给	立柱托板
功能 23：自动上下料	自动上下料系统
功能 24：在线检测功能	在线检测系统
功能 29：清洗功能模块	清洗装置
功能 26：数控功能	数控系统
功能 27：润滑功能	润滑装置
功能 28：冷却功能	冷却装置
功能 29：检测功能	检测系统
功能 30：防护功能	防护装置
功能 31：液压功能	液压系统

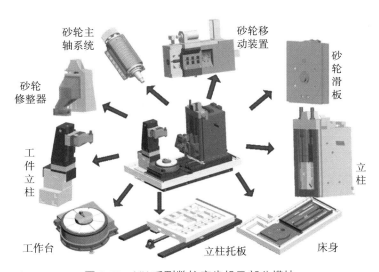

图 1.10　YK 系列数控磨齿机及部分模块

（2）数控机床模块表征

在模块划分的基础上，对 YK 系列数控磨齿机机床模块进行多维度的模块信息描述，包括模块的功能、行为、结构、质量等属性，通过模块编码及模块层次构建等方式，建立数控机床模块资源库，用于机床模块化配置设计的模块调用。

（3）数控机床模块化配置设计

YK 系列数控磨齿机的模块化配置设计过程首先确定机床的设计需求（来自市场或者客户），将机床设计需求转化为机床的设计参数，根据机床设计参数进行机床模块的检索与匹配，整个过程由 YK 系列数控磨齿机配置模板控制，内含具体的模块配置约束规则，能根据不同的设计需求选择不同的模块配置方案。对模块库中的相关模块进行出库调用，对标准模块（C 类模块）或满足要求的通用模块（B 类模块），直接进行模块组合；对部分满足要求的相似模块（B 类模块），进行模块变形设计，再进行模块组合；对全新模块，通过模块创建，直至满足要求，再进行模块组合，获得数控磨齿机配置结果。通过机床配置结果评价及模块重新匹配组合的迭代过程，最终获得符合设计需求的数控磨齿机设计方案。在模块化配置设计过程中，新设计的机床模块在设计结束后加入机床模块库，作为其他机床设计的资源模块进行调用，不断提升数控磨齿机类机床的模块化程度，提高机床设计效率。图 1.11 表示了机床模块化配置设计的主要流程。

通过模块化配置设计过程，对 YK 系列数控磨齿机床身、立柱、砂轮架、修整架、工件架等部件的关键传动装置及关键零件进行优化分析和结构拓扑设计，对零部件结构进行不同功能性能偏向的修改拓展，构成系列化的数控磨齿机机床模块，根据客户需求的不同，在短

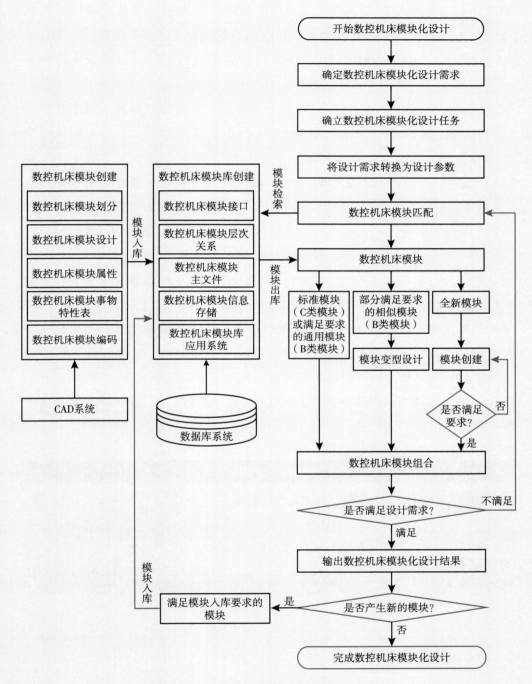

图 1.11　机床模块化配置设计流程

在快速响应客户需求的基础上，通过对 YK 系列数控磨齿机功能结构的深入模块化分析，设计人员可以将 YK 系列数控磨齿机性能提升目标聚焦于若干个关键机床模块上，对关键机床模块进行深入优化分析，用关键机床模块的性能提升带动机床整体的性能提升，实现 YK 系列数控磨齿机设计制造技术的全面发展。

时间内设计制造出符合要求的机床，提升企业的技术水平。例如，通过对机床的磨削主轴系统模块配置内磨头，可以实现内齿轮加工以及一次装夹磨削内外齿加工，通过配置双磨头，可以一次装夹完成同一轴上两个不同参数齿轮的加工；针对较大批量的齿轮加工，考虑加工成本，可以设计同时具有蜗杆砂轮磨削模块和成型砂轮磨削模块的功能复合磨齿机，用多线的蜗杆砂轮粗磨，再用成型砂轮精磨，保证了加工效率，降低了加工成本。

　　YK 系列数控磨齿机经模块化配置设计效果前后对比如表 1.8 所示，通过对 YK 系列机床的零部件进行系统的功能分析与模块划分，根据机床模块的功能性能特点进行模块的规格拓展，使得相关数控磨齿机设计可用的机床模块数由原先的 54 个增加到 162 个，满足机床模块化配置设计需要，设计同类新机床时，机床模块的重用比率由 48% 提升到 75%，机床设计用时由原先的 50 多天减少到 30 天左右，能快速满足客户个性化需求，提高了机床核心竞争力。

表 1.8		YK 系列数控磨齿机模块化配置设计效果与对比		
YK 系列数控磨齿机模块化配置设计效果对比				**国外模块化设计先进水平**
参数		设计前	设计后	
机床设计可配置模块数（个）		54	162	德国 INDEX 公司基于 V300 基本配置，扩展形成了车 - 削中心，车 - 铣中心和车 - 磨中心等系列化数控机床，模块综合重用率达 80% 以上
磨齿机模块重用率（%）		48	75	
机床设计用时（天）		约 50	约 30	

床身	床身	床身	床身	床身	床身	床身
床身	床身	工作台	工作台	工作台	工作台	工作台
工作台	横梁	横梁	滑座	滑枕座	滑枕	工作台滑座
直线进给	滑座	工作台滑座	滑座	滑座	拖板	工作台滑座
滑座	滑座	滑枕	滑板	滑座	直线进给	滑枕
立柱	立柱	立柱	立柱	立柱	立柱	主轴箱
主轴箱	主轴箱	主轴箱	主轴箱	主轴箱	主轴箱	主轴箱

图 1.12　数控机床典型的主机部件模块

数控机床的模块化配置设计中，数控机床的模块化部件由于已完成详细结构设计，在模块化配置设计中作为一个整体，不考虑内部结构与组成，"结构"简单。模块化部件均存在标准的几何连接接口和输入、输出接口，便于模块的组合配置，装配方便。图 1.12 是数控机床典型的主机部件模块。

随着经济的发展，客户需求日趋多样化、个性化，市场对数控机床的结构和技术性能指标的要求越来越多样化，人们对机床设计提出了新的要求，即在数控机床快速研发的前提下，又能保证良好的机床性能，满足客户的个性化需求。高档数控机床的模块化配置创新设计的特点主要包括：

1）通过对高档数控机床进行模块化配置设计，可以提高高档数控机床零部件标准化、通用化、系列化的水平，提高零部件重用率，降低机床成本，缩短开发周期，促进机床产品进化，不断组合衍生出五轴联动加工中心、车铣复合机床等高档数控机床，满足多样化的客户需求，是一种符合机床发展趋势的设计方法。

2）我国机床机械部分自主设计比例已达到 80% 以上，例如床身、立柱、横梁、工作台、滑枕、滑座、主轴箱、主轴、部分齿轮齿条等，但模块化水平低于发达国家。我国数控机床的基础功能部件（丝杠、导轨、滚珠轴承等）和功能部件（数控刀架、万能铣头、数控转台、立式伺服刀架、双伺服动力刀架、AC 轴双摆角数控万能铣头、直驱式数控转台等）、外防护、液压系统、电气系统、附件等组件若推行模块化配置设计，经济效益十分可观。

3）通过对高档数控机床进行模块化配置创新设计，获得高性能、高质量、高可靠性的机床设计方案，客户可以根据自己的需求选择合适的数控机床模块化组合方案。在满足高档数控机床的性能、质量和可靠性的前提下，提高数控机床的模块化水平，对我国机床行业的绿色、可持续发展具有重要意义。

1.3 结语

　　高档数控机床的创新设计是目标导向的设计方法，其具体实现过程会随着科技发展不断更新变化，但其设计目的一直是为了满足当前机床设计制造的社会要求和市场需求。

首先

　　从 TGK 系列高精度数控卧式坐标镗床设计案例出发，描述了对 TGK 系列机床进行结构改进设计及支承件减重优化设计的过程，分析了结构创新对机床设计制造的重要性，并引申出对 TGK 系列机床进行材料创新设计和原理创新设计的可行性分析与设计前景规划。通过对 TGK 系列机床进行结构、材料、原理三方面的创新设计，在保证机床总体性能的基础上，将资源、能源、环境等社会和市场热点问题纳入机床设计制造运行过程，提升了机床生态化水平，取得了良好的社会和经济效益。

其次

　　从 YK 系列数控磨齿机设计案例出发，考虑 YK 系列数控磨齿机总体功能，通过机床的功能分析及模块划分过程，获得 YK 系列数控磨齿机模块化设计所需的机床模块，构建机床模块资源库及 YK 系列数控磨齿机配置规则模板，针对不同的客户需求，组合形成相应的磨齿机模块配置方案，实现了磨齿机设计效率的大幅提升。数控机床模块化配置设计目的主要是为了实现对市场上客户需求的快速响应，提升设计效率。

　　数控机床的发展受到技术条件、客户需求、社会导向等多种因素的影响和限制，目前来说，高档数控机床的发展趋势主要有以下三个方面：

高精度与高可靠性

数控机床作为一种精密制造装备，其性能水平由机床设计、制造技术、装配工艺等过程共同保证，随着基础性科学研究和机床设计制造技术的不断发展，机床的性能不断提升。另一方面，复合化机床、多轴联动机床等新型结构机床的不断出现使得机床的型号分类体系变得模糊，机床的性能特点（高精度、高效率、高刚度、高可靠性等）会成为机床分类表征的重要内容，进一步促使机床企业提升机床产品的性能水平，提高机床的市场竞争力。

集成化与智能化

数控机床的"集成化"是指机床不再是一个孤立的系统，通过相关的接口和连接方式，数控机床能与当前的其他先进技术进行集成，实现机床的功能拓展和性能提升。例如通过引入大数据技术，分析机床客户需求变化，实现机床方案与客户需求的精准匹配；通过与3D打印技术的集成，增材制造与表面精加工的工序复合，实现复杂零件的快速加工；通过与机器人技术的集成，组成产品生产线，实现自动高效无人化生产。数控机床的"智能化"是指数控机床中目前由人工操作的步骤可以最大限度地由机床与机械手、机器人集成后智能自主完成，并得到优化。智能化还体现在加工参数的优化与自动选择、机床安全监控与故障排除、机床节能减排与污染管控等。

绿色生态化与环保化

环境问题已成为影响社会经济发展的一个关键因素，各国法律法规对环保的要求日益严格，消费者也对机床产品的环境属性极为关注。数控机床在整个生命周期中加工工件，不仅要消耗大量能源，还要产生切屑、冷却液等固、液、气态废弃物，对环境造成了相当大的污染。为此，在机床行业实施生态设计制造技术，贯彻可持续发展战略已势在必行，节省能源、绿色环保的新型生态化机床已成为数控机床发展的重要方向。

针对未来数控机床的发展要求与趋势，将高档数控机床创新设计的目标聚焦于其中的一点或几点，不断引入新的技术手段，以点带面，实现高档数控机床创新设计在技术、原理、方法上的突破。

CHAPTER TWO | 第二章

空气分离装备创新设计

引 言

空气是多种物质混合在一起的混合物。低温空气分离成套装备（以下简称空分装备）用空气作为原料，根据空气中各组分沸点不同，提取氧、氮、氩等产品。工业气体普遍被工业界认为是"工业的血液"。复杂空气分离类成套装备是工业血液的"造血装备"。钢铁、石化、火电等大型工程及航天、深海、半导体等特殊领域都以工业气体为原料气体或工艺气体。随着对空分成套装备需求的增加，我国对空分成套装备制氧能力的年需求量已超过 1500 多亿立方米，空分成套装备市场需求超过 500 亿元。

世界上第一套空分设备是 1903 年德国卡尔·林德发明的，氧气产量 $10m^3/h$，启动压力是 22MPa，正常工作压力 7 ~ 10MPa，单位能耗约 $2kW·h/m^3·O_2$。综观国内外空分装备的发展历程，每次空分技术的变革与推进，都是相关基础理论的重大突破所引起的。世界空分装备的发展大致经历了以下几个阶段：

① 高压等焓节流技术的突破，形成了以焦尔－汤姆逊循环为特征的空分装备。德国林德利用高压等焓节流技术发明了世界上第一台制氧能力为 $10m^3/h$ 的空分装备，开创了世界空分工业的历史。

② 等熵膨胀技术的突破，形成了以海兰德液化循环为特征的空分装备。德国海兰德用一台高压（20MPa）活塞式膨胀机进行空气液化并生产液氧，制氧能力达 $50m^3/h$，是空分装备技术的里程碑。

③ 高效回热理论和透平膨胀技术的突破，形成了以林德－富兰克循环为特征的空分装备。金属填料回热器使空分装备气体分离量显著提高，制氧能力达 3000m³/h，透平膨胀技术使空分装备向更经济的方向发展。

④ 多股流多相换热理论和高效吸附技术的相继突破，形成了以全低压流程为特征的空分装备。切换式板翅式换热器、常温分子筛吸附、增压透平膨胀机为基础的全低压流程使空分装备制氧能力达到 3 万等级。

⑤ 两相双膜传质理论的突破，形成了以规整填料精馏为特征的空分装备。两相双膜传质克服了传统筛板塔流通量低的问题，为实现空分装备向大型化、节能化地跨越奠定了重要基础。

我国空分成套装备的研制始于 20 世纪 50 年代初，大致经历了三个发展阶段：

① 仿制阶段。通过仿制苏联的空分装备，制成了铝带蓄冷器冻结高低压流程空分装备，单机制氧能力为 30m³/h。

② 技术引进阶段。1979—1987 年，通过引进德国林德先进技术并消化吸收，设计制造了 1000 ~ 15000m³/h 不同等级、多种流程的空分装备。

③ 自主开发阶段。1988 年至今，我国空分成套装备逐渐进入了自主开发阶段。我国自主开发的空分成套装备从 1.5 万等级扩展到 8 万等级乃至更高等级。

空分装备主要包括三大系统和五大部机。空分三大系统：吸附子系统、精馏子系统和换热子系统。空分五大部机：空气压缩机、透平膨胀机、循环增压机、板翅换热器和精馏填料塔。空分装备的大型化与低能耗发展趋势如图 2.1 所示。

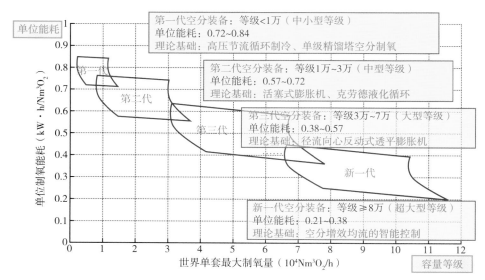

图 2.1　空分装备的大型化与低能耗发展趋势

2.1 8万等级空气分离成套装备案例

● 案例主要技术参数 ⋯⋯⋯⋯⋯⋯⋯⋯⋯⋯⋯⋯⋯⋯⋯⋯⋯⋯⋯⋯⋯⋯⋯⋯⋯⋯⋯

我国已具备8万（每小时产能8万标准立方米氧气，下同）等级空分装备的设计制造能力，并且正在向更大规模的空分设备进军。中国杭氧股份公司的8万等级空分设备已在广西盛隆钢铁公司稳定运行。四川空分设备集团与河南开封空分集团也完成了8万等级空分设备的技术研发。

我国自主研制8万等级空分装备，如图2.2所示。

图2.2　中国自主研制的8万等级空分成套装备

原料空气压缩机和循环增压机为超大型化空分装备的关键动部机，约占到整个空分装备动力能耗的90%以上。我国在8万等级及以上的离心空气压缩机、增压机设计制造方面与发达国家尚存在差距。空分压缩机组是石油化工、煤炭深加工、化肥及冶金等行业广泛应用的核心关键设备，特别在煤炭深加工领域的煤制气、煤制油、煤制氢、煤制烯烃、煤制乙二醇以及冶金、炼钢等装置中是核心动设备。空分装置配套压缩机被誉为空分工艺流程的"心脏"。随着我国能源结构的调整，预计到2020年，我国的煤制油将达到3000万吨，煤制气将达到500亿立方米，空分装置要求增加并呈现出大型化趋势。大型空分装置配套压缩机组因技术复杂、制造难度大，长期被国外少数公司垄断，是制约我国大型煤化工产业发展的瓶颈之一。

我国自主设计制造的10万等级空分装置压缩机组整机研制成功，如图2.3～图2.4所示。这一"大国重器"的研制成功，标志着我国打破了国外对大型空分装置压缩机组的垄断，为我国煤化工产业大型化提供了保障，对减少大型煤化工项目投资具有重要意义。我国自主设计制造的10万等级空分装置压缩机组总气动功率40000kW、轴功率40500kW，长35m、高15m、重478t，所有叶轮均采用世界最前沿的整体铣制、电火花加工、端齿加工等先进技术；为减少转子重量，空压机主轴采用空心轴、分段式结构，轴段配合间隙仅有头发丝直径的十分之一；直径达1.5m的超大叶轮、近8m长的主轴、重达29t的转子，给加工和装配都提出了极高的要求；大型机壳焊接及加工有效避免了铸造缺陷，保证了产品整体质量。全负荷工作时机组振幅值均小于25μm，整机效率超过89%，各项机械性能及气动性能指标均达到先进水平。

图 2.3 沈鼓 10 万等级
空分装置压缩机组

图 2.4 陕鼓 10 万等级
空分装置压缩机组

创新设计特征分析

（1）超大型空分装备相似型放大设计技术

为了满足装置大流量、大压比、高效率的要求，我国自主设计制造的 10 万等级空分装置压缩机组采用全新的"轴流＋离心"共轴结构，增压机采用多轴多级齿轮组装式，在机组的空气动力设计、应力和稳定性分析、整体设计优化、关键零部件加工制造工艺、空压机和增压机全负荷方案等方面，实现了自主创新设计，解决了叶轮模型及转子稳定性、核心部件材料及强度分析、大轮毂比混流式和小轮毂比高马赫数的高效叶轮设计、特型结构转子动力学分析、转子和定子的复杂连接结构、机组装置成套设计等一系列技术难题。8 万等级空分成套装备的设计制造成功，运用了超大型空分装备相似型放大设计技术，这是基于空分装备数字样机模型实现的。我国自主研制的 8 万等级空分成套装备数字模型如图 2.5 所示。

图 2.5　我国自主研制的 8 万等级空分成套装备数字模型

　　我国自主设计制造的 10 万等级空分装置压缩机组数字模型如图 2.6 所示。

图 2.6　我国自主设计制造的 10 万等级空分装置压缩机组数字模型

　　运用超大型空分装备相似型放大设计技术，在 6 万空分主冷的基础上做轴向延伸，实现 8 万等级空分的主冷凝蒸发器设计制造，采用卧式双层结构，解决了运输问题。分子筛吸附器的放大设计如图 2.7 所示。

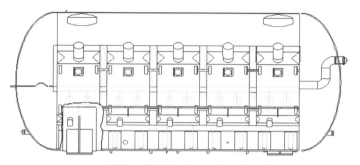

（a）6万等级空分的卧式主冷凝蒸发器设计图

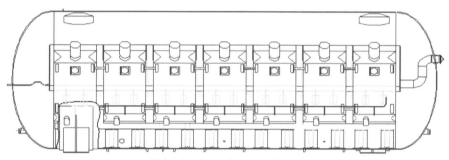

（b）8万等级空分的卧式主冷凝蒸发器设计图

（c）8万等级空分的卧式主冷凝蒸发器实物图

图 2.7　分子筛吸附器的轴向延伸放大设计

（2）超大型空分装备长程流道分流段设计技术

空分装备超大型化后，物理尺寸显著增大、流体流道长度变长、多股流的物性在流道内发生显著变化，对此应用长程流道分流段的关键技术，对每一流段的多股流物性进行精确设计、分析和检测，提高超大型空分装备的运行稳定性。空分装备超大型化引起流体流道长度与流量增大，同时造成流体入口直径增加，导致多股流的物性在流道内发生显著变化且流体分布不均匀问题，对此应用大直径入口导流的关键技术，对不同的导流模型的参数进行精确设计、分析和检测，提高超大型空分装备大直径入口流体分布的均匀性，增强空分装备传热传质效率。以板翅换热器为例，板翅式换热器是空气分离系统中实现冷凝、液化、蒸发等热量交换的关键装备，具有小温差不稳定传热、二次传热、允许阻力小、多股流物性变化激烈的显著特点。已有设计方法难以解决大型化引起的通道负荷不均、通道偏流失匀、工质流阻增加、换热效率下降问题。在纵向传热与横向传热方向建立热平衡方程组，实现换热器多股流间单叠与复叠传热的逐流段设计，热端温差由 4℃ 降为 2℃，总传热系数由 1958 W/（m² · ℃）提升到 2879 W/（m² · ℃），提高了长流道换热器参数的设计精度。超大型空分装备长程流道分流段设计如图 2.8 所示。

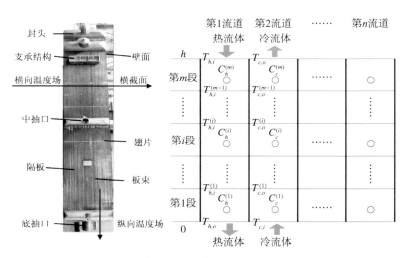

图 2.8　超大型空分装备长程流道分流段设计

超大型换热器的热股流为空气（A）和增压空气（H），冷股流为氮气（B）、氧气（C）、污氮气（D）、压力氮（E），翅片层通道总数为 127，通过超大型换热器的分流段设计，使累积热负荷峰值由 128947kW 降为 104635kW，如图 2.9 所示。

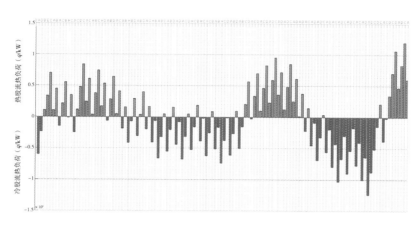

图 2.9　超大型换热器分流段设计的通道累积热负荷

　　我国进行了超大型空分装备相似型放大的创新设计、超大型空分装备长程流道分流段创新设计等，使 8 万等级的空分装备氧提取率由 98.6％ 提升到 99.12％；空压机出口压力由 559kPa（A，绝压）减小到 550 kPa（A）；空压机轴功率由 28720 kW 减小到 28300kW；空气预冷系统能耗由 296 kW 降低到 280kW；空气纯化系统再生能耗由 1630 kW 降低到 1580 kW；空气纯化系统工作阻力由 8.4 kPa 降低到 7.9kPa；空气纯化系统再生阻力由 7.5kPa 降低到 6.8kPa；主换热器正流阻力由 18kPa 降低到 16kPa；下塔阻力由 5.2kPa 降低到 4.1kPa；上塔阻力由 4.1kPa 降低到 3.4kPa。空气分离装备放大的创新设计技术效果对比如表 2.1 所示。

表 2.1	空气分离成套装备创新设计效果对比	
方案参数	传统设计方案	创新设计方案
空压机压缩空气量（Nm³/4）	393000	391000
氧提取率	98.6%	99.12%
空压机出口压力（kPa）	559	550
空压机轴功率（kW）	28720	28300
空气预冷系统能耗（kW）	296	280
空气纯化系统再生能耗（kW）	1630	1580
空气纯化系统工作阻力（kPa）	8.4	7.9
空气纯化系统再生阻力（kPa）	7.5	6.8
主换热器正流阻力（kPa）	18	16
下塔阻力（kPa）	5.2	4.1
下塔阻力（kPa）	4.1	3.4

注：创新设计方案与传统设计方案相比，能耗得以降低。

小结

通过介绍 8 万等级空分装备研制及其配套关键装备的性能参数，阐述了超大型空分装备相似型放大创新设计特征和超大型空分装备长程流道分流段创新设计特征，在此基础上，总结出空分装备将向超大型化和多机组优化方向发展。

（1）超大型化空分装备

空分所需氧气纯度高、压力大且使用量大，这也决定了其空分装置的规模及产品规格。空分装备趋于超大型化，可有效降低能耗、节约成本、提高运行可靠性、减少维护工作量，例如，同样满足 10 万 m³/h 用氧量的需求，1 台 10 万等级的空分装备比 2 台 5 万等级空分装备联动可节约能耗 10%，节约投资 30%，设备故障率降低 50%。法国液化空气公司、德国林德冷冻机械制造公司等均将空分装备超大型化作为技术研究重点，已成功设计开发了 12 万等级空分装备，并致力研发更大等级的超大型空分装备。空分装备的能耗是空分配套企业最主要的能耗之一，大型冶金企业空分装备耗电量通常占公司总用电量的 1/7，我国空分成套装备若平均能耗指标下降 0.1 kWh/m³O₂，全国每年可节省用电量达 55 亿 ~ 60 亿千瓦时，相当于三峡工程年发电量的 6.5%。

（2）多机组优化的空分装备

在各种复杂工况下均能长期、可靠、稳定运行，是超大型空分成套装备设计需要解决的难点。针对这一难点，需要获取复杂空气分离类成套装备实现稳定运行的基本规律，提出成套装备最短寿命机组获取及寿命预测方法，研究基于寿命序列的零部件质量–性能均衡设计原理，揭示空分大型成套装备在极端环境下关键零部件质量–性能–寿命的相互作用机理，解决大型压缩机大流量高速转子、高强度特长特宽高压板翅换热器等集成难题。针对超大型空分成套装备中、板翅式换热器等制造中的难点问题，实现空分成套装备多机组优化。

2.2　变负荷的空分装备案例

案例主要技术参数

我国杭氧股份公司自主研制的75%～105%变负荷空分装备具备对变工况、变负荷的适应性，确保系统长时间安全稳定运行，负荷变动速率达到每分钟2%～5%，寿命周期达到20年，大修周期超过3年。变负荷的空分装备具备自学习、智能调整氧气产量的优点，可显著节约单位制氧能耗，如图2.10～图2.11所示。

图2.10　75%～105%变负荷的空分装备

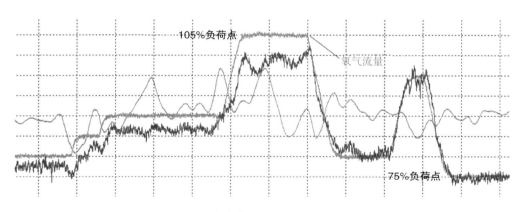

图2.11　75%～105%变负荷空分装备自学习、智能调整氧气产量

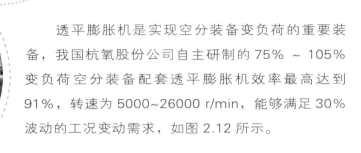

透平膨胀机是实现空分装备变负荷的重要装备，我国杭氧股份公司自主研制的75%～105%变负荷空分装备配套透平膨胀机效率最高达到91%，转速为5000~26000 r/min，能够满足30%波动的工况变动需求，如图2.12所示。

图2.12　我国自主研制的变负荷透平膨胀机

建立了变负荷透平膨胀机在不同温度、不同压力、不同间隙量、不同机壳相对滑移速度变化下的叶顶与机壳之间的间隙流动模型，实现了不同状态下间隙流动的变负荷性能分析，如图2.13所示。

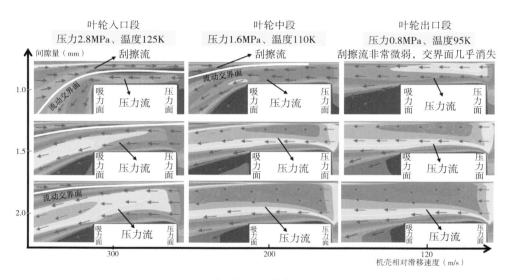

图2.13　透平膨胀机变负荷状态下的间隙流动

（1）变负荷空分装备流程优化技术

我国 8 万等级空分装备工艺流程如图 2.14 所示，通过变负荷空分装备降能耗的全局优化，使构建的数字样机能面向不同行业需求，适应不同的空分工艺流程。以空分流程外压缩与内压缩为例，建立多种集成模式，在外压缩集成模式中，在主换出口，即冷箱之外，使用压缩装备（氧压机）增压；另一模式则在主冷与主换之间，使用压缩装备（液氧泵）增压。主换热器热端空气进口约为 20℃，冷端空气出口约为 -171℃，冷端温差大于热端温差。

原料空气经自洁式空气过滤器，去除灰尘和杂质，在空压机中被压缩并升温，再自底进入空冷塔洗涤冷却，进入空冷塔上部的冷水，需先在水冷塔中利用污氮气进行冷却。经空冷塔冷却后的空气进入两台对偶切换使用的分子筛纯化系统，吸附空气中的水、二氧化碳和碳氢化合物等。出吸附器的空气：一股直接进入主换热器冷却至空气液化温度（-173℃）后进入下塔；另一股通过空气增压机进一步压缩：首先中抽出一股，经膨胀机增压端压缩及后冷却器的冷却，再进入主换热器被冷却，经膨胀机膨胀后进入下塔；另一股从空气增压机末级排出的空气经增压机后冷却器冷却后，送入冷箱经高压主换热器冷却后，节流进入下塔。空气经下塔初步精馏后，获得液空、纯液氮和污液氮，并经过冷器过冷后，节流进入上塔。

下塔从上到下分别得到：纯液氮、纯氮气、贫氧液空、富氧液空。上塔从上到下得到：纯氮气、污氮气、氩、液氧。主冷凝蒸发器为相变换热，氧在此蒸发，而氮在此冷凝。主过冷器调配上下塔冷量，降低气化率，强化上塔精馏。换热器底抽指从换热器底部抽出完全降温的热股流。换热器中抽指从换热器中部抽出降温中的热股流。空分系统启动时，底抽提供足够冷量，到达稳定工况后中抽。主冷凝蒸发器则无中抽、底抽，其温差越小，越有利于系统节能。

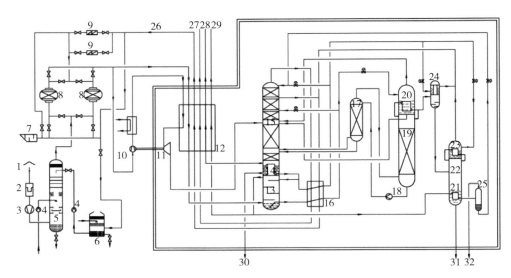

图 2.14　我国 8 万等级空分装备工艺流程

注：1.空气入口；2.空气过滤器；3.空气压缩机；4.水泵；5.空冷塔；6.水冷塔；7.消声器；8.分子筛吸附器；9.电加热器；10.增压机；11.膨胀机；12.主换热器；13.下塔；14.主冷凝蒸发器；15.上塔；16.过冷器；17.粗氩塔Ⅰ；18.液氩泵；19.粗氩塔Ⅱ；20.粗氩冷凝蒸发器；21.精氩蒸发器；22.精氩塔；23.精氩冷凝器；24.精氩液化器；25.液氩平衡器；26.污氮气；27.氮气；28.氧气；29.压力氮气；30.液氧；31.液氩；32.气氮

（2）变负荷空分装备降能耗的机组优化技术

　　以变负荷空分系统能耗为目标函数，进行系统能耗参数的灵敏度分析、时变参数估计，采用高精度稳态的灵敏度分析，逼近动态变工况过程。对复杂空分过程模型进行灵敏度与不确定性的耦合分析，对模型能耗进行虚拟试验下的评估预测，分析测量数据的误差，提高空分能耗性能集成模型的参数精度。

　　建立全局层次能耗空分流程：双级精馏塔上下塔、粗氩塔、精氩塔单元模块，分子筛纯化系统单元模块，空冷塔和水冷塔的单元模块；应用层次单元集成方法，分析各单元模块之间物料流和热量流以达成动态平衡，计算进出精馏系统的物料及各动态操作参数。层次单元能耗集成分析法具备序贯模块法与联立方程法的优点，分为全局层面和子系统层面。在空分系统层次上，采用各模块的简化模型，联立求解空分系统模型。在子系统层面上采用与系统层模块映射的单元模型。空分装备精馏塔 75% 负荷与 105% 负荷时的持液量比较，如图 2.15 所示。

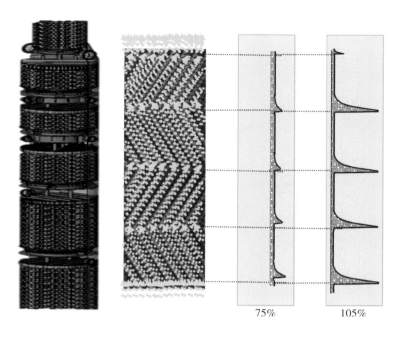

图 2.15　空分装备精馏塔 75% 与 105% 负荷时的持液量比较

　　有效能用于确定某指定状态下所给定能量中有可能做出有用功的部分。有效能损耗可评价出各种形态的优劣能量的损耗程度。通过 75% ~ 105% 的变负荷调节，空分系统各部机的有效能损耗得到降低，空分系统设计能耗减少，如图 2.16 所示。

小结　变负荷空分装备的核心是智能控制，通过空分装备工艺流程的优化，提高传热传质效率，不断提高空分装备多样化适应能力，降低单位制氧能耗。

（1）多样化空分装备

　　不同的工业用气对应的氧气、氮气产品规格各式各样，开停车用量差异大，因而开发不同的流程技术以适应不同的下游供气特点非常有必要。空分装备多样化设计中需要解决不同机组间存在的机 / 电 / 液 / 控 / 低温多学科关联的多个主要设计变量与设计参数的设计与分析问题。针对这一难题，需要清晰了解多机组、多学科、多参数关联机理，揭示机组界面参数的相互作用及其传递规律，形成空分成套装备性能多样化关联设计与工艺流程多样化设计理论。

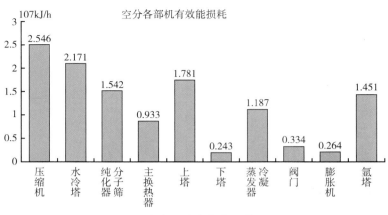

（a）空分未变负荷调节

（b）空分75% ~ 105%的变负荷

图2.16 空分系统各部机的有效能损耗对比

（2）低能耗空分装备

复杂空分装备工艺 – 能耗 – 结构存在层次关联关系，提出复杂空分系统多机组能量流层次递归分解方法，通过空分过程中能量转化、利用冷损的定量分析，准确计算从机组入口到出口空气流动状态转换与分离关键工艺点中能量的同步变化。通过改善吸附 – 再生工艺效率、换热效率及精馏塔传质效率，并自适应调节膨胀机工况、优化多股流在换热器多通道的分配、减少长程管道流动阻力和降低振动、改善精馏塔气液分配器均流效果，都可以有效降低空分装备单位制样能耗。

2.3　结语

　　我国自主研制的 8 万等级及以上空气分离装备、75% ~ 125% 变负荷空分装备，都具有绿色性和智能性的创新特征，未来空分装备将继续向大型化、低能耗、集成化和空分服务方向发展。

（1）大型化与低能耗空分装备

　　超大型化和低能耗化作为新一代空分装备技术的重要特征，已成为当前世界空分装备技术国际竞争的制高点。我国大型空分成套装备单套产能、能耗、可靠性等指标与国际先进水平相比还存在一定差距，难以满足我国重大工程建设、经济发展和国防建设的需求。空分成套装备需要向更大容量、更低能耗、更高可靠性的方向发展。特大型空分不是配套设备和机组的简单放大，需要解决很多关键技术问题，例如空分装备超大流量（空气流量高达 50 万 Nm^3/h）、高转速（高达 60000r/min）、深低温（-196℃）、高压力（20MPa）等极端环境下连续工作；准确预测空分全过程大尺度混合流界面的能量分布、迁移与损耗，混合工质的摩尔组分数据精确到 0.1ppm（1ppm=10^{-6}，下同），物性计算误差在 0.5% 以内，大尺度范围内流阻不均匀性偏差控制在 1% 以下，规整填料塔氧提取率达 99.9%，外压缩流程能耗指标达到 0.365 kWh/m^3O_2。

（2）系统集成优化空分装备

　　空压机、增压机、氮压机等机组高度集成在一起，对空分制造、自动控制及运行操作提出了更高的要求。特大型空分集成技术主要包含工艺包集成技术、总体布置优化技术、能耗控制技术、自动变负荷技术、专家控制系统、稀有气体提取技术、工程成套技术。通过特大型空分设备集成技术的开发，能有效地实现用户对空分的各类需求。构建关键部机性能实验台与系统状态监测及故障诊断实验台，可为空分装备性能分析、系统集成、状态监测与故障诊断提供实验依据。

（3）空分大数据与空分服务

空分装备运行工况复杂，包括超大流量、高转速、深低温、高压力、动装备与静装备耦合、多机组机电液耦合。空分装备设计性能与实际性能的高度逼近是实现空分装备整机性能的重要基础。在传统的空分制造过程中，不断累积空分装备多工况适应的解决方法和空分大数据，将空分领域知识进行延伸，对外提供空分服务，并提高空分设计服务在空分企业产值中的比重，将是未来空分装备企业发展的重要方向。

CHAPTER THREE｜第三章
注塑装备创新设计

引 言

塑料注射成型可对形状复杂的制品实现一次成型，具有效率高、尺寸精确、适合大批量生产等特点。由于高分子材料分子结构所独有的聚集态性质，可通过共混与物理改性的方法，创造出五颜十色的"塑料合金"，被广泛应用在国民经济和国防建设各个领域。"以塑代钢、以塑代木、以塑代石"为注塑成型及注塑装备的发展，开拓了更为广阔的前景。

注塑装备是将热固性或热塑性塑料制成各类塑料制品的成型设备，主要包括注射机构、合模机构、液压系统以及电气控制系统，其基本结构如图 3.1 所示。注射机构是将物料均匀地塑化和熔融后，以足够的压力和速度将定量

（a）注塑装备注射机构　　　　　　　　　（b）注塑装备合模机构

图 3.1　典型注塑装备基本结构

的熔体注入模具型腔中。合模机构在塑料注射成型过程中起支撑模具作用，保证成型模具可靠的闭紧和实现模具启闭动作以及制品顶出功能。液压系统和控制系统是注塑装备按工艺过程和预定的要求完成动作、程序的保证。

随着大型工程塑料制品市场需求的增加，注塑装备向大型、高效、节能方向发展。注塑装备是中国塑料机械中发展速度最快、水平与工业发达国家差距较小的塑机品种之一，但仅仅局限于普通型注塑装备，在超大型、特殊、专用、精密注塑装备等品种方面，有的尚属空白，这是与工业发达国家的主要差距。目前，国内大型注塑装备基本上是在原有中、小型注塑装备的原理上放大研发的，在整机的制造上存在着耗材多、重量大、零部件结构设计不合理等问题。合模机构作为注塑装备的重要零部件之一，其性能直接影响塑件的质量，其结构直接影响装备制造的材料消耗情况。

3.1　电磁力合模注塑装备案例

合模机构是注塑装备中最重要的组成部分，其作用主要是开启和锁闭模具，在注射和保压的阶段将模具锁紧，防止制料外溢。合模机构性能直接影响塑件的质量，作为占整个装备重量 70% 的组成部分，其结构直接影响装备制造的材料消耗情况。因此，在大型注塑装备创新设计过程中，合模机构的创新设计与分析尤为重要。

典型的合模装置如图 3.2 所示，由前模板（又称头板、定模板）、动模板（又称二板）、调模板（又称尾板）、拉杆、曲肘机构组成。

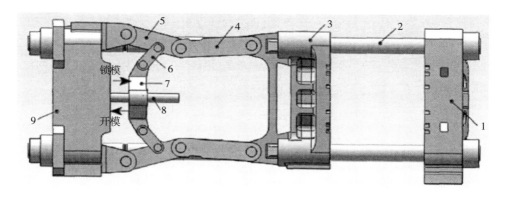

注：1. 前模板　　2. 拉杆　　3. 动模板　　4. 长铰　　5. 勾铰　　6. 小铰　　7. 十字头
　　8. 十字头导杆　　9. 调模板

图 3.2　双曲肘内翻式合模机构

电磁力合模注塑装备描述

我国自主研制的磁力合模机构如图 3.3 所示。在锁模阶段，即当两块模板接触后，通过控制系统对固定在模板上的磁极板的绕线铁芯通电以使两块磁极板产生异相磁极，达到异性相吸的效果，可以使两块模板

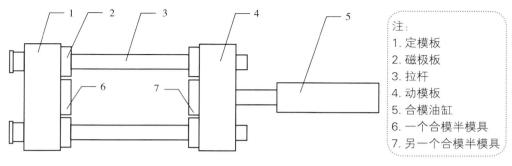

图 3.3　磁力辅助锁模合模机构

注：
1. 定模板
2. 磁极板
3. 拉杆
4. 动模板
5. 合模油缸
6. 一个合模半模具
7. 另一个合模半模具

紧密贴合并产生磁力。当完成制品的注塑及经过保压阶段需要开模时，可再次对绕线铁芯通电使两块磁极板产生同相磁极，达到同性相斥的效果，可以快速使两块模板相互分离。

　　磁力辅助锁模结构由磁极板中的绕线铁芯通电产生磁力，以绕线铁芯模型对其进行磁场和磁力分析。绕线铁芯属于轴对称模型，取绕线铁芯半对称平面对其进行二维静态磁场分析，其模型及尺寸如图 3.4 所示。

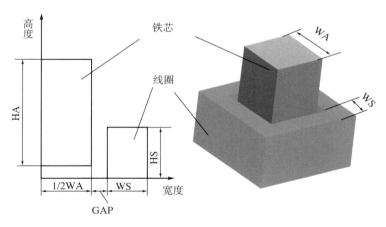

图 3.4　绕线铁芯模型

　　定义模型中铁芯、线圈以及空气的磁导率分别为 1000、1、1，设线圈为 2000 匝，并通 2A 的直流电流。在有限元设计分析软件中对其进行电磁场分析获得磁力线、磁力线矢量图和磁感应强度值云图，如图 3.5 和图 3.6 所示，通过计算得出该模型磁力大小为 0.3853N。

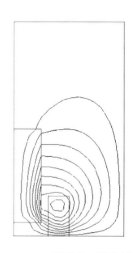

ANSYS 14.5
JAN 19 2015
21:41:40
NODAL SOLUTION
STEP-1
SUB-1
TIME-1
AZ
RSYS-0
SMX-.576E-04
A   -.320E-05
B   -.959E-05
C   -.160E-04
D   -.224E-04
E   -.288E-04
F   -.352E-04
G   -.416E-04
H   -.480E-04
I   -.544E-04

图 3.5　磁力线、磁力线矢量

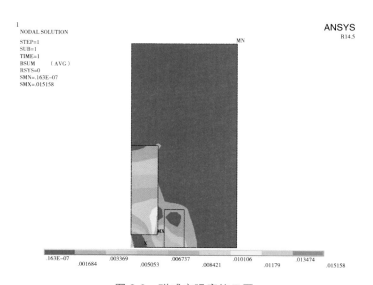

图 3.6　磁感应强度值云图

　　考虑到注塑装备合模机构体积空间较大，电磁铁芯直径远大于仿真模型，且绕线匝数也多于仿真模型，磁极产生的电磁力可达 1000N。故采用绕线铁芯安装的磁极板能有效地提供锁模力，相应地降低注塑装备的整体能耗。

　　磁力合模机构通过磁力吸引动模板，增强锁模力的大小和稳定，不仅结构简单，而且工作效率高。可以降低大型、超大型注塑装备合模机构的工作能耗，实现注塑装备的节能型发展方向，同时结合了二板式合模机构结构简单的优势。

创新设计特征分析

（1）原理的创新设计

　　已有的注塑装备多依靠液压传动，液压传动的核心是帕斯卡定律，它是指不可压缩静止流体中任一点受外力产生压力增值后，此压力增值瞬时间传至静止流体各点。某典型的液压传动原理如图3.7。

　　磁力（如图3.8）是大自然中普遍存在的一种物理现象，是磁场对放入其中的磁体和电流的作用力。磁力主要有永磁体、电磁场和流动液体金属三种产生方式。永磁体是经磁化就保持永恒磁性的材料，主要包括铝镍钴合金、稀土永磁材料等的合金永磁材料和铁氧体永磁材料。丹麦的物理学家奥斯特（Oersted H. C.）首次发现了通电导体周围存在磁场，揭开了电与磁的联系，开创了电磁学

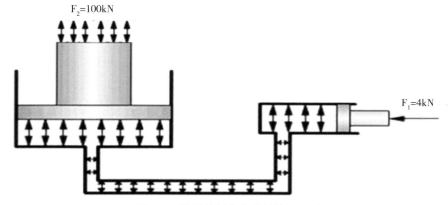

图 3.7　基于帕斯卡定理的液压传动

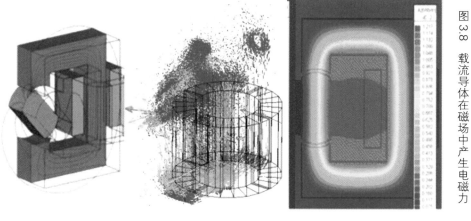

图3.8　载流导体在磁场中产生电磁力

研究领域。随后大量学者对电与磁开展了一系列的研究，相继提出了 B–S 定律、安培定律、法拉第电磁感应定律等。电产生磁场，并在原磁场中受力，微观表现为洛仑兹力，宏观表现为安培力。

磁力的易于控制、低能源消耗、低污染等优势广泛应用于工程技术领域。磁力辅助锁模属于磁力机械工程领域，主要利用电磁场产生的异相磁极相吸的原理使两块模板紧密贴合，提供一定的锁模力，防止出现涨模和制品溢边等现象，减轻锁模油缸的负担，以保证油缸最佳工作效率，防止油缸卸油。

（2）结构的创新设计

自注塑装备诞生以来，为了获得具有良好合模特性的合模机构，不断有专家学者对合模机构的结构进行研究改进，从全机械式发展到全液压式和机械液压式结构。早期的齿条式、齿带式等全机械式合模机构由于存在调整复杂、惯性冲击大等缺点，已被后来发展的全液压式和机械液压式合模机构所取代。

1）全液压式合模机构。

全液压式合模机构（如图 3.9）经历了从单缸直锁式到充液式、增压式、增量式合模机构的发展，这些合模机构结构简单，加工制造方便，但存在耗能高、油压污染等不足。20 世纪 80 年代末，我国开发了一系列二板直压式合模机构。90 年代初，如 Battenfeld、Demag、Engel 等推出了二板复合式合模机构。我国海天塑机集团研制了锁模力 6600t，容模量超过 50m^3 的超大型二板式注塑装备。

图 3.9　二板式全液压合模机构注塑装备

2）机械液压式合模机构。

以曲肘式为代表的机械液压式合模机构（如图 3.10）具有力放大功能和自锁功能，便于合模动作，该结构经历了从单曲肘式到双曲肘式的发展，其中五点双曲肘式合模机构包含两个方面合模运动特性，一方面是开、合模过程中的行程放大比，另一方面是合模机构运动及锁模过程中力的放大比。对运动特性进一步改善，有低成本、维护费用低等特点，至今仍然广泛应用于各型号的注塑装备中。

图 3.10　机械液压式合模机构

磁力辅助锁模合模机构主要由定模板、动模板、拉杆、合模油缸及磁极板组成。定模板与动模板的中心处设有凹槽，用于分别安装半合模模具。动模板与合模油缸推杆连接，可以完成模板的开、合动作。其中，磁极板分别安装在各自拉杆与动、定模板的内连接处，是用于产生磁力使动、定模板紧密贴合的装置；磁极板的一侧开有凹槽，凹槽内安装有带线圈绕组的铁芯，其中安装的铁芯高度与磁极板平齐，其具体结构如图 3.11。

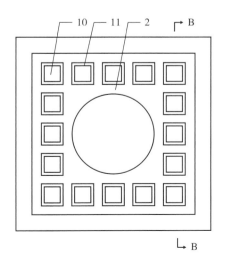

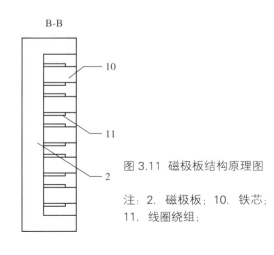

图 3.11　磁极板结构原理图

注：2. 磁极板；10. 铁芯；
11. 线圈绕组；

图 3.11 中磁极板凹槽内，除中心穿过拉杆的空外，其余位置按行、列垂直均布安装绕有线圈绕组的铁芯，铁芯的高度与磁极板齐平。

采用磁力辅助锁模的合模机构工作时，首先根据模具厚度选定配套的 8 块磁极板分别安装于定模板和动模板的 4 个角处。然后结合所需快速移模速度，通过控制系统控制合模油缸的流量，当移模至两个合模半模具即将合上时，通过传感器反馈及时控制流量以减小速度，完成合模油缸的移模动作。当模具合上时，对磁极板上的铁芯通电，使定模极一侧的磁极板和动模极一侧的磁极板产生相异磁极，即分别为 N 极（北极）和 S 极（南极），相互吸引产生磁力，提供锁模力，辅助此时合模油缸的锁模动作。由于磁极板分别安装在定模板和动模板的四角，相互吸引的磁力大小相同，磁力均衡稳定。可以通过磁力辅助锁模来减轻合模油缸的负担以保证油缸最佳工作效率，防止油缸卸油。

采用磁力辅助锁模可以对大型、超大型注塑装备合模机构的锁模进行一定的分担，起到降低能耗的作用。

小结

注塑装备功率消耗主要来源于控制系统和液压动力系统。其中，液压动力系统的能耗占了注塑装备整体能耗的 80%。在一个工作循环周期中，液压系统功率变化如图 3.12。

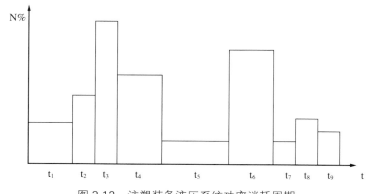

图 3.12　注塑装备液压系统功率消耗周期

图 3.12 中 t 表示时间，N 表示油泵输出功率，从 t_1 ~ t_9 分别表示合模、注射座前移、注射、保压、定型、预塑、冷却、开模和顶出制品的时间及其相对应的油泵输出功率。根据合模机构的整个工作过程分为合模、锁模、开模三个阶段，其中合模和开模如图 t_1 和 t_8，主要是完成模具的完全闭合与打开的工作，主要能耗是克服摩擦力进行移动模板的直线运动，消耗功率一般。锁模阶段为 t_3 ~ t_7，在该阶段主要是提供足够大的锁模力，防止在熔料的压力下模具被打开，从而导致制品溢边或使制品精度下降。此阶段的能耗主要与锁模力大小和整个合模机构系统刚度有关，是合模机构的主要能耗阶段。由此可见，合模结构的合模、锁模、保压、开模等过程能耗占注塑装备能耗的大半部分。

磁力合模机构通过磁力吸引动模板，增强锁模力的大小和稳定，不仅结构简单，而且工作效率高。可以降低大型、超大型注塑装备合模机构的工作能耗，实现注塑装备的节能型发展方向，同时结合了二板式合模机构结构简单的优势。

3.2 机器视觉集成注塑装备案例

机器视觉集成的注塑装备

为实现注塑过程的高效、高精、高速，我国研制了系列高性能注塑装备。控制系统采用集散化总线模块，总线读取分散的输入 / 输出点信号并将其发送给所需要的位置，确保了精确的实时性，使总线通信能够避免由于通信超时而引起的数据丢失以及中断干扰等引起的通信问题。中央电力供应的能量管理单元为动力单元以及伺服驱动器提供能量，使制动能量返回到工厂电网，降低了能量需求。高性能伺服节能注塑机装备如图 3.13 所示。

图 3.13　高性能伺服节能注塑装备

创新设计特征分析

　　获得优质的注塑制品是注塑机设计制造的根本目标，案例注塑机通过对结构进行创新型改进，使注塑机的性能得到提高。

　　针对原先由拉杆连接的合模机构，通过采用侧板代替机器拉杆的方式，取消了原先的 4 根拉杆，一方面使原先多根拉杆实现的功能由侧板代替，减少了注塑机总体零件数量，简化了设计制造过程；另一方面，侧板的应用使注塑机的容模量增大了 70%，机身变窄 30%，对称化的机身设计使得受力集中，保证了模板的平稳运行，提高了注塑机合模机构效率及可靠性。

　　案例注塑机采用精密曲轴机构，配备中心伺服驱动，实现精密注塑加工过程，重复定位精度高；注塑机曲轴系统采用免润滑设计，在实现清洁生产的同时，简化了注塑机细部结构，提高了注塑机驱动系统的运行稳定性、可维护性和精度保持性。

　　案例注塑机采用储料与注射模块分离的结构设计，通过功能解耦分离注射机构的塑化与注射模块，降低了结构复杂性，实现了储料塑化与注射过程的双重优化。由高力矩电机完成储料的塑化过程，确保塑化熔融效果最优；伺服电机驱动中心丝杠完成注射过程，确保响应时间最短，速度达500mm/s，加速度达10g，配备多个不同尺寸的柱塞及螺杆，使熔体注射体积恒定，达到制品重量最小偏差，提高注塑机注射系统的工作效率。

图 3.14 是案例注塑机合模系统、驱动系统及注射系统的示意图

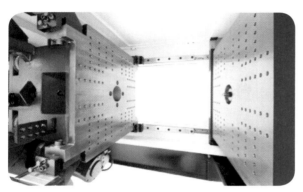

（a）合模系统

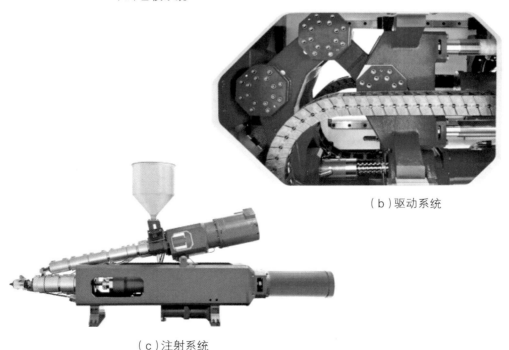

（b）驱动系统

（c）注射系统

图 3.14　全电动注塑机创新设计特征结构

案例注塑机通过在注塑机结构上的多点创新设计，推动注塑机整机向高速度、高精度、高效率的高性能注塑机方向发展。注塑成型加工一般是大规模化的生产线加工模式，注塑制品的加工过程，除了从物料熔融、注射、保

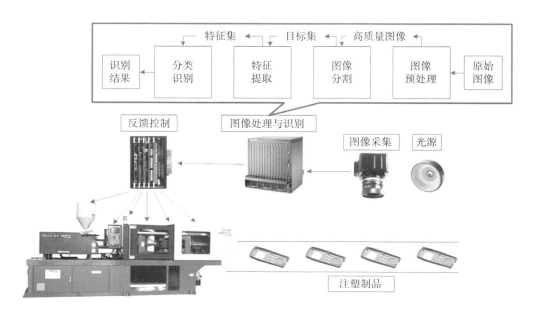

图 3.15　机器视觉检测与反馈的智能化注塑成套装备

图 3.16　机器视觉集成的注塑装备实例

压、定型、预塑、冷却、开模到顶出制品的注塑过程外，制品顶出后的检测过程也十分重要。注塑机在注塑加工过程中，模具模腔形变或磨损、设备控制反常、注塑条件不合理、物料性能变化等问题时有发生，若不及时发现，会造成巨大损失。注塑机的这些加工过程问题绝大部分会反映在注塑制品上，如果制品检测不合格，就必须迅速对塑机进行注塑工艺调节和故障排除。如果只针对注塑机进行高性能的设计优化，不重视注塑成品的快速检测及调整修复技术，就会在注塑成型加工过程中产生严重的短板效应，降低注塑加工效率和质量。

因此，可以将注塑机与制品检测反馈控制相融合，构成智能化的注塑成套装备，制造与检测一体化，提升注塑制品生产效率和质量。智能化的注塑成套装备如图 3.15 所示。

（1）注塑制品快速在线检测技术

注塑制品的检测主要是对注塑制品外形、表面进行检查，查看制品是否存在尺寸错误、形状破损、翘曲变形等外形缺陷和划痕、裂纹、凹坑、磨损、毛刺、异物等表面质量问题，是一种图形图像检测。目前，注塑制品的检测主要采用机器视觉检测技术来进行。它是一种实时、无损、智能、高效、低成本的智能检测技术，广泛应用于各种几何测量、外观检测和识别分类等检测任务中。机器视觉检测技术能解放检测工人的枯燥乏味的工作，更加安全，检测范围更广，检测精度高，满足工业高质量的要求。

机器视觉是利用传感器及计算机来模拟人类的视觉过程，它融合了神经生理学、心理学、计算机科学、图像处理、模式识别、人工智能和机器学习等学科。图像处理分析是机器视觉检测技术的核心，是决定机器视觉成效的关键，一般分成四个阶段：图像预处理、图像分割、特征提取、识别分类。图像处理分析的流程如图 3.15 所示。

注塑制品在注塑机中被顶出后，进入制品检测流程，由工业相机等设备对制品进行图像采集，开始图像识别与处理：

① **图像预处理**

通过工业相机等图像采集设备获得的原始图像若达不到处理分析的质量要求，需要对其进行前期处理，主要是对图像中的图像噪声、几何偏差、光照变化等因素进行处理。

图像分割

②　　为了从复杂冗余的像素阵列中获得信息，需要对其进行分割，从而得到具有某种意义的像素集合以及得到图像中与感兴趣物体相对应的那些区域。每一个被分割出的集合需满足均匀性要求，且任何数目和相邻子集之并都不满足此均匀性。分割操作以一幅图像作为输入而返回一个或多个区域或轮廓作为输出。

特征提取

③　　通过分割，得到对目标的原始描述。接下来必须从分割结果中选出某些区域或轮廓，如除去分割结果中不想要的部分。而且，检测识别的目的往往是对物体进行测量或分类，这就需要从区域或轮廓中确定一个或多个特征量。确定特征量的过程就称为特征提取。

识别分类

④　　对提取的特征量，分别进行识别判断，确认是否为制品缺陷。一般是在合格制品图像信息的参考下，综合采集图像的基础数据信息进行判断处理。

识别结果输出

⑤　　对识别分类的结果进行汇总，将结果传递到相应的反馈控制机构，进行下一步的处理。

（2）制品缺陷自动修复技术

制品缺陷自动修复是在获得注塑制品检测结果后，能智能判断修复方法并自动对注塑机进行修复操作，恢复注塑制品的正常生产。其关键内容主要包括以下两方面：

 注塑制品缺陷到注塑机故障内容的准确映射

注塑制品的缺陷多种多样，导致注塑制品缺陷的原因也多种多样，两者是一种多对多的映射关系，即注塑机的一种故障可能会导致注塑制品的多项缺陷，注塑制品的一项缺陷也可能是由注塑机的多种故障共同造成。因此，针对制品缺陷检测结果，快速准确地确定注塑机故障内容十分重要。

针对注塑制品缺陷确定注塑机故障内容需要依靠注塑机维护修理的经验知识，因此，注塑制品缺陷到注塑机故障内容的准确映射需要依靠人工神经网络、实例规则推理等方法，以注塑机维护修理的数据知识为基础，确定制品缺陷可能的注塑机故障内容。

② 注塑机故障修复方法的可行性和多选择性

注塑机故障的自动修复是智能化注塑机成套装备"智能化"的核心内容。系统在检测出注塑制品缺陷并确定故障内容后，通过注塑机的自动修复，省略了人工介入过程，使注塑加工能在更长时间内不间断进行，降低了生产成本，提高了生产效率。

注塑机故障的自动修复，要求注塑机成套装备对故障易发区域有较强的控制能力。目前来说，针对注塑机工艺参数（例如物料熔融温度、注射速度、合模力、生产节拍等）的控制可以采用数控技术较为容易地实现。针对注塑机物理层面（模具模腔异物清理、损坏零件的更换等）的控制需要额外的执行机构（例如机械手）及相应的控制单元，需要进一步深化研究。

由于注塑制品缺陷与注塑机故障多对多的映射关系，注塑机的修复过程是一系列修复操作的集合，需要一个修复操作的先后顺序规划，以最短修复时间、最低修复成本或综合考虑时间和成本为目标，确定最合适的注塑机修复方法。

小结

塑料注射成型是一种适合大规模生产的高自动化加工过程，应从自动化生产线的角度考虑注塑成型的高性能特性，即高加工精度、高加工速度、高运行稳定性和高容错率。为此，智能化是注塑装备面向性能创新设计的重要方向。

（1）智能反馈与智能控制

加工过程的智能化是高性能的重要特征。通过对注塑装备进行智能化的改进设计，实现注塑成型过程的监控及智能化反馈，并根据反馈信息对注塑机进行智能化控制，实现注塑过程的稳定、高效、准确。

（2）性能与工况数据采集

注塑装备的智能化需要大量的先验数据作为支撑基础。注塑机性能及工艺参数是注射成型顺利进行和塑料制品质量的关键，其主要参数有温度、压力、行程、功率、时间、转速等。温度包括料筒加热温度、喷嘴、模腔温度以及各段熔体温度等；压力包括闭模压力、注射压力、油缸油压、熔体压力；行程包括注射行程、移模行程、顶出行程；功率包括料筒加热功率、油泵电机功率；时间包括注射时间、预塑时间、移模时间、冷却时间等。

通过以计算机机器视觉为核心的工况数据采集系统，在注塑机成型加工过程中采集性能及工艺参数信息，深入分析注塑机运行过程中的性能工况变化，提高注塑机反馈控制的智能化水平。

3.3 结语

注塑装备的发展与注塑行业的大环境密切相关。近年来，新型的注塑材料不断出现、高质量的注塑制品应用范围不断扩大、人们对注塑制品观念的不断转变，这些变化为新一代注塑机装备的设计提出了更高的要求。

本章以磁力合模注塑装备案例，介绍了新型注塑装备通过在功能原理上的创新设计，实现注塑机的低能耗化；以高性能注塑装备案例，介绍了注塑机在结构上的性能优化设计和注塑机智能化成套改造的内容，实现注塑机注塑加工的高精高效。目前来说，注塑装备的发展趋势主要有以下三个方面：

（1）节能型

随着塑料机械节能标准的出台，市场的绿色环保观念的日益增强，注塑机的节能环保要求变得越来越重要。注塑装备功率消耗主要来源于控制系统和动力系统，降低控制系统和动力系统的能耗是注塑装备节能的重要方向。

纯电动注塑机使用伺服电机和齿轮传动、滚珠丝杠传动代替传统注塑机中的液压器件，在装备部件动作时，没有液压器件工作时的油压损失、管路损耗、阀门阻塞、摩擦等带来的能量损耗，可有效实现注塑装备的节能型要求。

（2）高效型

注塑制品的广泛发展和应用对注塑装备的性能水平提出了新的要求。一方面，精密注塑件具有尺寸精度高、机械力学性能良好、结构稳定等优点，在应用中代替了越来越多的传统零部件；另一方面，注塑件不断向轻量化、薄壁化、复杂化和个性化方向发展，应用范围越来越广，应用量也越来越大。这就要求企业在注塑机的设计上，能综合运用合模原理创新、注塑工艺创新、注塑工装创新、注塑材料创新等途径，提高合模力，减少锁模时间，增加单位时间注塑制品产量，提高效率。

（3）智能型

注塑机于 1872 年美国发明至今已有上百年的历史。近年来，随着人工智能、机器视觉等计算机技术的快速发展，客户对注塑机提出了智能化的新要求。智能型注塑装备是指注塑装备在成型加工过程中，具有感知、分析、推理、决策、控制等功能，自动检测注塑制品质量，监控注塑过程各关键零部件状态，分析注塑制品的制造缺陷并进行反馈控制。机器视觉检测是注塑机智能化的重要内容，其核心是鲁棒性（Robust）的判别准则，能对注塑制品、合模异物、部件磨损等情况进行快速准确的识别。注塑机由塑化系统、注射机构、合模机构、驱动控制系统等部件组成，这些部件要具备可控制性，能在控制系统下进行位移、速度、驱动力等内容的精确调整，实现机器视觉的判别输出规则到注塑机控制系统的实时反馈。

第四章 | CHAPTER FOUR
增材制造装备创新设计

引 言

三维打印成型（3D 打印）具有设备成本相对低廉、运行费用低、成型速度快、可利用材料范围广、成型过程无污染等优点，是最具发展前景的制造技术之一。

3D 打印是在快速成型（Rapid Prototyping，RP）基础上发展的制造技术。依靠已有的 CAD 数据，采用材料精确堆积的方式，即由点堆积成面，由面堆积成三维，最终生成实体。RP 技术通过多种工艺技术，可以生成非常复杂的实体，而且成型的过程中无需模具的辅助。三维打印与传统数控加工的比较如图 4.1 所示。

图 4.1　3D 打印与传统的数控加工的比较

3D 打印是由麻省理工学院萨克斯（Sachs）等人于 1992 年首先提出的一种基于微喷射原理，从喷头喷嘴喷出体积较小的液滴，并按照一定的层面形状逐层打印成型的快速制造技术。3D 打印拥有多种工艺技术，包括光固化立体造型（SLA）、层片叠加制造（LOM）、选择性激光烧结（SLS）、熔融沉积造型（FDM）、掩模固化法（SGC）、喷粒法（BPM）等。其中，SLA 是使用最早和最广泛的技术，约占全部快速成型设备的 70% 左右。

按照不同的实现工艺，3D 打印快速成型材料可以使用纸张、塑料、金属、陶瓷等。不同材料特点比较如图 4.2 所示。

3D 打印快速成型时，成型精度主要取决于二维平面上的加工精度，以及高度方向上的叠加精度，这些精度能够控制在微米级。在加工形状复杂的自由曲面和内型腔时，快速成型比传统的加工方法表现出明显的优势。然而制件的最终精度还有填充工艺、材料、温度等其他众多影响因素，这些因素往往更难以控制。因此，目前快速成型机所能达到的制件最终尺寸精度只能控制在 0.01mm 水平。

当今国际上，3D 打印在电子器件、康复医疗、新型制造等行业得到了广泛应用。随着 3D 打印的兴起，越来越多的中国中小企业利用其速度快、构建尺寸大、精度高、色彩真实的特点，为工业金属铸件、模型、模具、机械、汽车、电子、航天、军工、医疗、动漫、艺术品、地理空间、建筑、教具等

表 4.1	3D 打印工艺原理及优缺点比较		
3D 打印工艺	原　理	优　点	缺　点
光固化立体造型（SLA）	通过计算机控制紫外激光器，逐层扫描固化光敏树脂薄层，凝固成型	制造精度高 稳定性好 零件形状复杂 表面质量好 对于高精细、薄壁或空心零件，SLA 成本低	结构相对简单的厚重零件，SLA 成本高 原材料种类有限 树脂材料吸湿易弯曲 需设计支撑系统
选择性激光烧结（SLS）	将材料粉末平洒在已成型零件上表面，用高强度激光烧结，堆积成型	选材广泛 工艺简单 机构简单，无需另行设计支撑	表面粗糙，精度低 烧结过程有异味 辅助工艺有时较复杂
熔融沉积造型（FDM）	丝状热塑性材料在喷头内被加热融化，喷头沿填充轨迹移动同时将融化的材料挤出，材料凝固后与周围材料凝结	工艺安全干净 尺寸精度较高 原材料易于搬运 制造费用低 选材广泛	垂直截面方向强度低；成型速度慢，不适用于大型零件

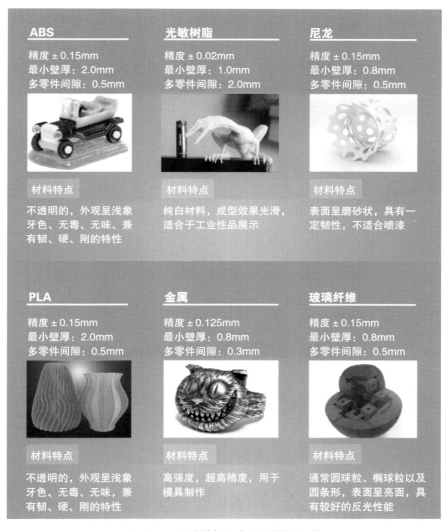

ABS

精度 ±0.15mm
最小壁厚：2.0mm
多零件间隙：0.5mm

材料特点

不透明的，外观呈浅象牙色、无毒、无味、兼有韧、硬、刚的特性

光敏树脂

精度 ±0.02mm
最小壁厚：1.0mm
多零件间隙：2.0mm

材料特点

纯白材料，成型效果光滑，适合于工业性品展示

尼龙

精度 ±0.15mm
最小壁厚：0.8mm
多零件间隙：0.5mm

材料特点

表面呈磨砂状，具有一定韧性，不适合喷漆

PLA

精度 ±0.15mm
最小壁厚：2.0mm
多零件间隙：0.5mm

材料特点

不透明的，外观呈浅象牙色、无毒、无味，兼有韧、硬、刚的特性

金属

精度 ±0.125mm
最小壁厚：0.8mm
多零件间隙：0.3mm

材料特点

高强度，超高精度，用于模具制作

玻璃纤维

精度 ±0.15mm
最小壁厚：0.8mm
多零件间隙：0.5mm

材料特点

通常圆球粒、椭球粒以及圆条形，表面呈亮面，具有较好的反光性能

图 4.2　不同材料 3D 打印的特点比较

不同行业企业提供服务，并进一步将应用服务推广至个人应用（婚纱人偶、个性化定制、艺术写真等）。通过以 3D 打印为代表的制造方式的创新设计，坚持文化创意与科技相融合，打造一个新业态服务产业，形成以技术服务、创意工业设计、成型材料研发、3D 打印培训、产品售后服务为一体的综合服务平台，真正实现全民受益。

4.1　快速砂型精密制造案例

案例主要技术参数

　　快速铸造砂型技术是将 3D 打印快速成型技术与传统砂型铸造技术有效结合快速制造复杂金属零件的技术。例如，发动机的排气管、缸盖、缸体一般都是铸造产品，利用快速铸造技术可以在很短时间内得到与最终产品材料一致、性能接近的发动机产品供测试与检验。

　　图 4.3 为北京隆源自动成型有限公司 LaserCore-7000 型激光快速成型装备，采用功率 100W 的射频 CO_2 激光器，配合光学聚焦高精度扫描振镜光学系统，其成型缸空间为 1400mm×700mm×500mm，扫描速度为 6000mm/s，成型材料为树脂砂与精铸模料。具有运行清洁环保、操作方便、一机多材、安全可靠等特点。

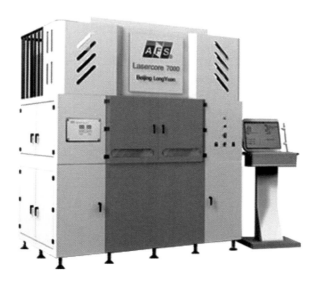

图 4.3　LaserCore-7000 激光快速成型机

（a）发动机缸体成品图　　　　　　　（b）V8 发动机缸体熔模

图 4.4　发动机缸体的快速砂型制造

选区激光烧结与铸造技术结合，可有效地应用于发动机设计开发阶段 A 样的快速制造。某公司需要 3 台用于点火试验和参数标定新款发动机，应用与 3D 打印相结合的快速铸造解决方案，保证了试制的顺利进行。图 4.4 是一款 V8 发动机的缸体及其熔模，利用选区激光烧结成型技术直接制作蜡模，无需开模具。其成型时间为 42 小时，铸造周期 20 天。如果按传统制作方法开模具制造，至少需要 6 个月的时间，费用上百万。此项技术可节省大量的时间和开发成本。

应用二　发动机缸盖的快速砂型制造

图 4.5　汽车发动机成品图　　　　　　　图 4.6　发动机缸盖成品图

发动机缸盖内部结构极为复杂且壁厚相对较厚，制作这些零件的最佳方法是快速砂型铸造。其模具结构复杂，适宜使用激光烧结成型。图 4.7 是选取激光烧结砂型铸造获得的一款发动机缸盖的铝铸件。图 4.7（a）为缸盖气道和水套的组合芯，利用激光烧结技术一次烧结成型，提高了组模精度，成型时间仅用 19 小时。缸盖外模用传统方法制作，从 CAD 设计到缸盖铸件图 4.7（b）的完成只需约 20 天。设计单位为某企业先后快速制造 6 件，用于点火试车和参数标定。由于铸造工艺与最终生产工艺极其相近，零件的尺寸精度和机械性能与最终产品零件具有很强的可比性。因此，快速砂型铸造的缸盖可直接用于发动机的各种评价试验，如对气道进行流动分析，对水道进行冷却性能测试。根据不同的测试需要，可以同时制作不同的发动机进行性能试验。

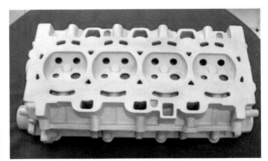

（a）发动机缸盖气道和水套组合芯　　　　　（b）发动机缸盖铝铸件

图 4.7　发动机缸盖的快速砂型制造

应用三　进、排气管的快速砂型制造

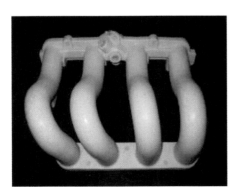
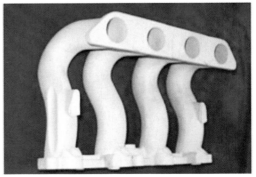

图 4.8　精密铸造方法得到的铝合金进气管

采用快速砂型精密制造方法，可一次性地提供一组不同曲面的 CAD 数据，通过快速铸造得到一组进气管零件，再经过测试，得到一组全面的数据，从而筛选出最佳的气道方案，这样可大大加快研制速度。图 4.8 是用快速精密铸造方法制造的铝合金进气管铸件。从收到零件的三维 CAD 数据到毛坯完成仅需 18 天，其中零件熔模的快速成型 1 天，熔模铸造 15 天，其他后处理及检验 2 天。曾一批次制作 35 件，为客户提供台架标定试验和路试。

图 4.9（a）是激光烧结成型的排气管砂芯和下模，整套砂模的烧结时间为 48 小时。烧结成型的砂模和砂芯经过二次固化和组合后即可直接进行浇注。图 4.9（b）为排气管成品铸件，材质为球墨铸铁，最薄处壁厚仅有 5mm。从设计完成到最终铸件仅需短短的 1 周时间。

（a）激光烧结制成的排气管下模砂型和砂芯　　　　（b）排气管球铁铸件

图 4.9　排气管的快速砂型制造

创新设计特征分析

1）间接制造思想。3D 打印技术对材料有一定限制，当目标产品材料不能应用于 3D 打印时，可以使用间接制造的思想来设计制造过程。利用 3D 打印技术成型效率高、尺寸精度高、产品可靠性好等特点，制造出精密夹具、模具、测量仪器等工具辅助制造过程，保证了产品性能。

2）复合制造思想。现代制造业中，产品的生产过程往往是多种制造工艺的复合与集成。综合使用了传统模具制造技术与 3D 打印技术，既利用了 3D 打印的高精度、高效率和对复杂产品的良好适应性，又避免了过度使用 3D 打印技术带来的高成本等问题。

3）辅助设计的概念模型。3D 打印技术不仅仅是设计的结果，也可以与设计的过程相结合。在工艺参数尚不明确的设计早期阶段，利用 3D 打印技术将产品的三维模型快速转变为一组实体概念模型，经过一系列测试实验，对随后的设计过程起到了良好的辅助作用。

4）辅助设计的功能模型。对于已有设计结果，利用 3D 打印技术快速制造出产品的功能模型用于实验。样机的性能测试与评价结果可以快速反馈到设计过程中，大大提升了设计效率，缩短了开发周期，节省了设计成本。

小结

3D 打印技术作为一种正处于快速发展中的制造技术，与传统的 CNC 制造过程相比具有高精度、高定制化、高效率等优势，也具有高设备成本、材料限制、制造环境限制等缺点。

3D 打印技术在我国的快速兴起为我国制造业带来的不仅是制造工艺的革新，更是设计思想的革新。在装备制造业中，如何合理利用、扬长避短，将 3D 打印发展带来的设计技术、制造技术与管理技术的进步与制造企业的创新设计、快速设计能力的提升结合起来，缩短装备开发周期，使企业具备快速响应市场需求的能力，节省开发成本，提高产品竞争力与企业经济效益，必将起到至关重要的作用。

4.2 含微流道的生物器官 3D 打印案例

目前，全球每年等待器官移植的患者数量惊人，此外，即便得到了捐赠的器官，患者在接受移植手术后也会出现不同程度的排异反应。目前，制作器官的方法主要有两种：一是利用组织工程的思路，打印支架然后在支架内培养细胞，二是利用细胞直接打印构成器官。

目前，基于组织工程技术制作器官的思路是先制作多孔支架然后在支架内培养细胞，最后将其移植到生物体内，继续培养。实际器官的功能是多种细胞有机协调后的结果，但基于支架的技术难以解决多细胞的可控定位问题，难以满足要求。

目前，器官打印技术（又称为细胞打印技术）开始逐渐成为生物器官制造的研究热点。其原理是借助 3D 打印技术将含细胞的生物墨水实现一层层的精确可控沉积，从而构造出含细胞的三维结构，再加以后续培养，以获得想要的组织。器官打印的长期目标是缓解目前器官移植的巨大缺口，近期目标则是构造器官原型，重现各种疾病的微环境，以进行疾病的致病机理与大通量的药物筛选研究。

考虑到器官组织的结构复杂性及功能复杂性，打印"活物"远比打印一般的三维模型困难许多。目前，摆在器官打印面前有"三座大山"：一是寻找合适的凝胶材料，把细胞包裹起来打印成型；二是组织打印"成型"后，如何对细胞输送营养，实现体外培养；三是培养过程中，如何调控培养环境使得独立的细胞个体融合成功能性组织。本案例仅结合我们的近期研究谈谈如何实现打印器官后营养的有效输送。

活性组织内遍布的各类血管是器官保持活性的根本，只有有效地加工出相似的血管网络（流道网络）才有可能实现营养的有效输送，确保 3D 打印后的组织有可能发育为一个具有实际组织功能的器官。在打印的组织中构建血管网络来运送营养一直是器官打印领域的研究热点。

现有的细胞打印工艺中解决血管网络的构建主要有以下几种。为叙述方便，以下以细胞打印中最常用的细胞载体海藻酸钠凝胶作为打印材料为例进行描述。海藻酸钠凝胶是由海藻酸钠溶液与氯化钙反应获得，海藻酸钠溶液作为凝胶主体材料，混入细胞打印，氯化钙作为交联剂，反应生成的凝胶具有一定的强度，从而实现细胞的固定，通常也称海藻酸钠溶液为凝胶先驱材料，氯化钙为交联剂材料，目前新的适合于器官打印的凝胶材料也在被源源不断地报道，但实验中最为常用的仍是海藻酸钠凝胶体系。

基于同轴挤出的细胞打印机

中国研制的基于同轴挤出的细胞打印机的具体结构如图 4.10 所示，

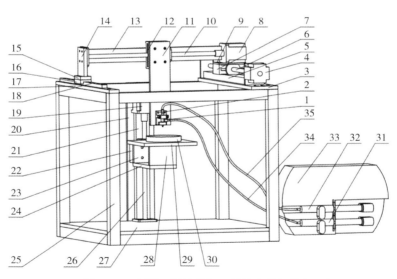

图 4.10 中国研制的基于同轴挤出的细胞打印机

注：1.同轴喷头；2.同轴喷头夹具；3.Y轴导轨连接板；4.Y轴电机；5.Y轴导轨固定板；6.Y轴丝杠；7.Y轴滑块；8.X轴电机；9.X轴导轨连接板一；10.X轴丝杠；11.同轴喷头夹具连接板；12.X轴滑块；13.X轴导轨固定板；14.X轴导轨连接板二；15.Y轴直线导轨连接板；16.Y轴直线导轨滑块；17.Y轴直线导轨固定板；18.Y轴直线导轨；19.Z轴电机；20.Z轴导轨连接板；21.Z轴导轨固定板；22.Z轴滑块；23.成形平台连接板；24.成形平台横板；25.装置框架；26.Z轴丝杠；27.固定底板；28.成形平台竖板；29.成形平台接收板；30.培养皿；31.盛放海藻酸钠与细胞混合液的注射器；32.盛放氯化钙溶液的注射器；33.双通道注射泵；34.连接管一；35.连接管二

图 4.11 是本打印工艺的原理。其主要特点是采用同轴挤出喷头，利用未完全反应的中空凝胶纤维融合原理，在打印三维生物结构的过程中可以实现支撑结构和内部流道的同时制造。本细胞打印装备具有结构简单，工艺易于控制，打印出的器官结构内部营养通道可控等优点。其定位精度为 0.05mm，喷头直径为 0.1 ~ 0.5mm；可打印材料有海藻酸钠凝胶、明胶、基质胶原蛋白、活性玻璃陶瓷等；可实现内置微流道的打印成型以及两种以上材料打印。

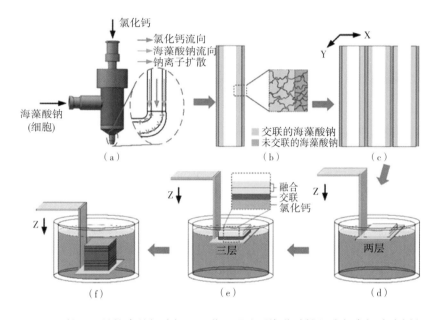

图 4.11 基于同轴挤出的细胞打印工艺原理（以海藻酸钠凝胶包裹细胞为例）

注：（a）同轴喷头内喷头通入CaCl₂，外喷头通入海藻酸钠生物墨水；（b）凝胶管形成过程；（c）利用交联时序实现凝胶管间的黏结获得二维结构；（d）、（e）&（f）每一层打印好后Z轴逐层下降，重复这一过程获得三维含流道的器官结构

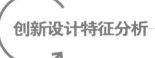

创新设计特征分析

已有的内置营养通道构建需要的工艺过程复杂，难以实现细胞结构和流道网络的同时打印，不能在打印的器官内部有效构造流道，故无法解决大尺寸打印组织的后续培养问题。

方法 1 直接挤出成型

原理

利用气压或机械作为动力，直接挤出凝胶材料，层层叠加，实现三维细胞打印。

代表性方法

1）海藻酸钠、明胶及细胞混合后放入注射器；

2）利用气压驱动将凝胶和细胞的混合物按一定的挤压速度挤出；

3）根据分层信息，并调整平台的运动速度，完成二维结构的打印；

4）Z轴运动，层层逐步打印，实现三维结构的打印；

5）整个结构打印完成后，浸泡在氯化钙中整体交联。

评述

本方法为最为常见的细胞打印方法，其特点是利用明胶的低温固化，实现打印结构定型，成型控制简单，为了实现更好的成型精度，通常增加低温冷却腔体。现有报道的一些细胞打印机大多采用这种方式。由于海藻酸钠、明胶的黏度较大，必要时需要加热才能挤出，且为了提高成型精度，沉积平台需要冷却以实现快速固化。工艺相对复杂，难以在成型时实现内置流道网络的构建。

方法 2 基于牺牲材料制造含有流道的结构

原理

利用某些打印材料在一定条件下可以溶解的原理，制造包含流道的凝胶结构，然后将牺牲材料溶解获得流道网络。生物墨水可通过挤压、喷墨等方式进行沉积。

代表性方法

1）在培养皿中加入甲基丙烯酸酯胶（Gel-MA）凝胶；

2）挤出海藻酸钙凝胶纤维；

3）将海藻酸钙凝胶纤维包覆在 Gel-MA 凝胶中；

4）通过紫外光照射使 Gel-MA 凝胶固化；

5）用乙二胺四乙酸（EDTA）溶解掉海藻酸钙，形成含有流道的凝胶结构。

| 评述 | 步骤复杂，流道质量难以控制，紫外光会对细胞产生一定损伤。 |

方法3 凝胶片层黏合叠加技术

| 原理 | 利用后处理工艺，将预先形成的凝胶片与片之间黏合起来，以此制造三维结构。 |

| 代表性方法 | 1）利用模具制造片层海藻酸凝胶结构；
2）用柠檬酸钠螯合剂处理凝胶层与层之间的界面，使凝胶层界面钙离子发生螯合反应；
3）进行热处理，使凝胶层界面未反应的凝胶链交叉结合；
4）黏合后的凝胶结构整体浸泡在氯化钙溶液中充分交联。 |

| 评述 | 层与层之间的黏合强度不够，难以实现自动化，如在面上构造流道截面的话，组装的对准是一个问题。 |

通过分析现有的器官打印方式，发现通过打印完的组织进行二次处理从而获得血管网络的方法都难以满足后续器官培养的要求。那能否在器官打印的同时，同步构造内部的血管呢？或者说，现有的挤出方式的细胞打印是直接挤出实心的凝胶纤维，很直观的思路就是能否将实心的凝胶纤维改为空心，从而可以利用空心的结构来输送营养。

我国流体传动与控制国家重点实验室的研究人员受到了目前同轴静电纺丝喷头设计的启发，一次无意中的实验发现，顺序挤出的两条中空凝胶丝能够融合在一起，并具有一定的强度。随后重复了多次实验，发现只要能控制好凝胶交联时序这个现象就能够重复。开始尝试基于同轴喷头进行细胞打印的方法是否可行，经过实验，从原理及工艺上证实了本创新性工艺的可行性。

图 4.12 为打印出的凝胶管通入营养液的实验，图 4.13 为打印的 2D 结构

通入营养液的实验，可以看出打印的凝胶管及后续凝胶管所组成的组织结构具备血管强度，满足营养液的输送需要。

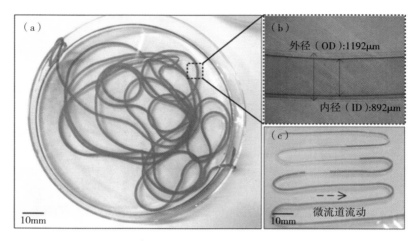

图 4.12　打印的中空凝胶管通细胞培养液实验

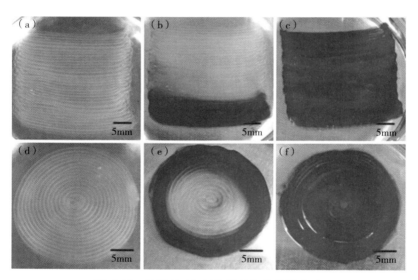

图 4.13　打印的 2D 结构通细胞培养液实验

为了实现更好的控制凝胶的交联时序，确保打印后的质量，科研人员对整个打印工艺进行了系统的研究。图 4.14 为工艺参数对凝胶管内外径的影响分析，（a）和（c）分别为 $CaCl_2$ 及海藻酸钠流动速度的影响；（d）及（e）分别为 $CaCl_2$ 及海藻酸钠浓度的影响；f 为不同的内孔直径的影响。

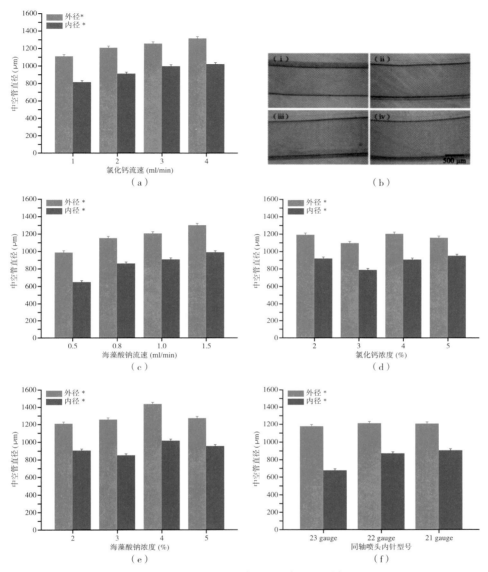

图 4.14 营养流道的内外径和打印工艺间的关系

注：（a）$CaCl_2$流速对中空管内外径的影响；（b）不同内外径中空内外径微观形态；（c）海藻酸钠流速对中空管内外径的影响；（d）$CaCl_2$浓度对中空管内外径的影响；（e）海藻酸钠浓度对中空管内外径的影响；（f）同轴喷头内径变化对中空管直径的影响。

　　图 4.15 为打印速度对凝胶管打印质量的影响，可以明显看出随着打印速度的变化，凝胶管打印的四种形态——挤成曲线、正常、被拉伸、断裂无法成型。

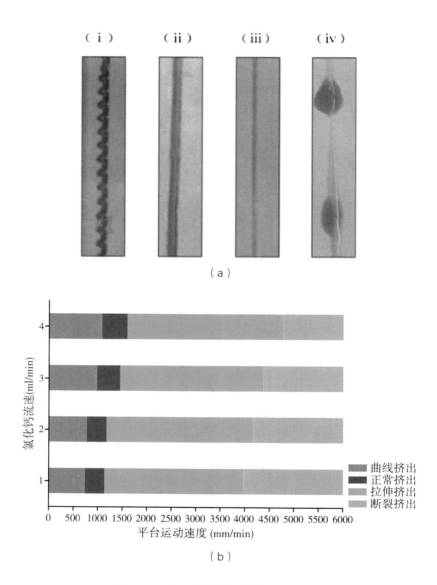

图 4.15 打印速度对凝胶管的影响分析

注：（a）中空管打印时4种典型的挤出状态，曲线挤出（ⅰ），正常挤出（ⅱ），拉伸挤出（ⅲ），断裂挤出（ⅳ）；（b）进给率及流动速率对挤出状态的影响

图 4.16 给出了整个工艺参数的可打印区间，（a）中红色所示，在可打印区间内选择工艺参数可确保凝胶融合时序及打印后凝胶的成型质量。而为了进一步确认打印后的流道网络的强度及相邻凝胶管间的融合强度是否满足需要，对打印后的结构做了相应的拉伸性能测试分析。

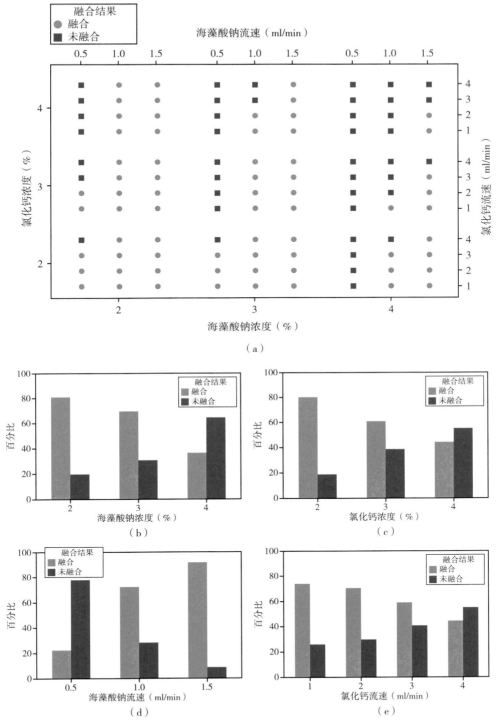

图 4.16 可打印参数区间的确定（各工艺参数对打印过程的影响）

注：（a）不同工艺条件下的融合结果；（b）海藻酸钠浓度对融合结果的影响；（c）氯化钙流速对融合
结果的影响；（d）海藻酸钠流速对融合结果的影响；（e）氯化钙流速对融合结果的影响

图 4.17 的测试数据显示凝胶管的融合强度满足器官打印需要。

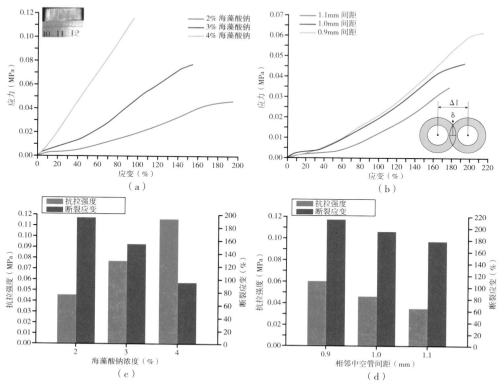

图 4.17　凝胶融合后强度表征

注：（a）不同海藻酸钠浓度下的应力–应变曲线；（b）不同相邻中空管间距下的应力–应变曲线；
（c）海藻酸钠浓度对抗拉强度和断裂应变的影响；（d）相邻中空管间距对抗拉强度和断裂应变的影响

　　图 4.18 给出了本工艺打印后的器官的微观结构，可见本工艺能很好地构造内部的微通道，相邻层间的凝胶可得到很好的融合。

　　实际的营养物质包含小分子的离子类物质及大分子的蛋白类营养物。凝胶通道的多孔性对小分子物质具有天然的渗透传导性，但对大分子的营养输送需要通过实验证实。图 4.19 为绿荧光蛋白在打印的血管内的渗透效果，可以看出大分子的营养物能够有效地通过打印出来的管道壁面，也就是说，本工艺所制造的流道具有血管的营养渗透功能。

　　为了验证本工艺的细胞打印效果，将 L929 细胞混合海藻酸钠构成生物墨水，检测打印后器官组织的细胞活性。图 4.20 为流道壁面细胞的状态，可

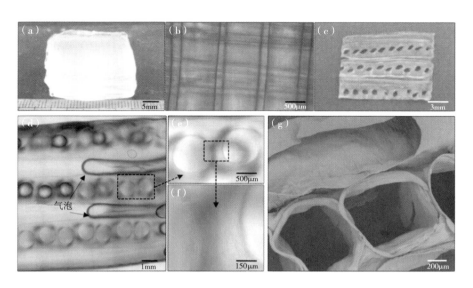

图 4.18 打印后营养通道的微观形态

注：（a）打印出的含有内置营养流道的六层长方体结构宏观图；（b）结构的纵截面微观图；（c）结构的横截面宏观图；（d）（e）（f）不同放大倍数下结构的横截面微观图；（g）结构的电镜显微图

以看出细胞在凝胶内生存情况较为理想，通过对打印后有无营养通道的对比实验可以看出随着培养时间的增加，有营养通道的器官更有利于细胞的生长（图 4.21）。

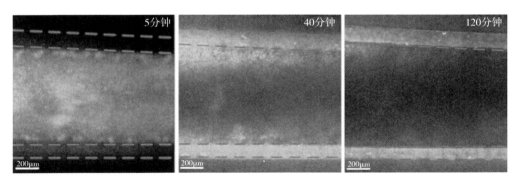

图 4.19　大分子营养物质渗透实验

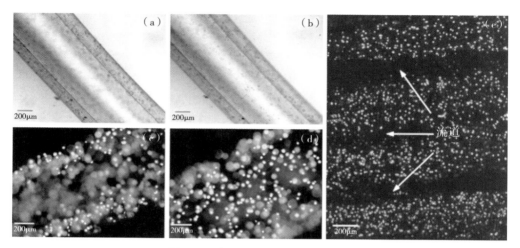

图 4.20　打印后组织内细胞的分布

注：（a）（b）白光下的流道和管壁；（c）（d）染色后的流道和管壁（绿色是活细胞，红色是死细胞）；（e）融合结构内的细胞分布

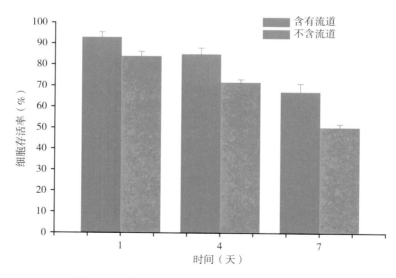

图 4.21　有无营养通道细胞的存活率对比

小结

相比于现有的细胞打印工艺，本方法的优点在于：

1）利用未完全反应的中空凝胶纤维融合原理，在打印三维生物结构的过程中可以实现支撑结构和内部流道的同时制造。避免了现有打印技术设计各种额外的装置和工艺来实现打印组织内部的流道构造，大幅简化了细胞打印工艺；

2）形成内部流道的工艺简单，不需要后处理工艺，有利于细胞存活；

3）利用溶胶－凝胶交联反应的程度来实现中空凝胶纤维线与线、层与层之间的融合。结合中空凝胶纤维的尺寸，通过控制线与线、层与层之间的距离便可以得到一个整体的三维生物结构；

4）可以快速地制造尺寸较大的组织器官；

5）打印出的微流道可以作为一块完整的凝胶微流控芯片，进行各种大通量药物筛选等生化应用；

6）本工艺采用的是 AB 两种材料反应的模式，因而诸如纤维蛋白胶、壳聚糖等各种生物兼容性材料都可以采用本方法加载细胞打印出含流道网络的结构。不需要调整机械结构，避免了现有打印工艺不同材料必须要针对型的修改工艺及装置的问题。

本创新成果在生物材料领域的顶级期刊 *Biomaterials* 上发表，申请了相关国家发明专利，研制出基于同轴挤出工艺的细胞打印装备。

论文：Coaxial nozzle-assisted 3D bioprinting with built-in microchannels for nutrients delivery[J]. Biomaterials, 2015, 61, 203-215.

国家发明专利：一种具有内置营养通道的三维生物结构的打印装置 201510235895.1

国家发明专利：一种具有内置营养通道的三维生物结构的打印方法 201510239964.6

国家发明专利：一种细胞共培养模型及制备方法，201410461035.5

4.3 结语

随着智能制造的进一步发展成熟，新的信息技术、控制技术、材料技术等不断被广泛应用到制造领域，以精密砂型铸造、3D 打印技术为代表的增材制造技术正在被推向更高的层面。

本章从 3D 打印技术的原理出发，比较了传统 CNC 制造与 3D 打印工艺的优缺点，比较了不同 3D 打印工艺的优缺点，分析了对不同材料进行 3D 打印的特点。通过分析发动机的铸造案例，介绍了使用快速砂型精密制造发动机缸体、缸盖、进排气管等机械产品的过程。本案例中，将间接制造、复合制造、概念模型制造、功能模型制造思想与先进的 3D 打印技术相结合为特征的制造工艺带来了产品设计思想的革新，体现了创新设计的思想。

本章随后介绍的生物器官打印案例中，强调了在当前生物器官打印技术的发展过程中，如何制造出有效的流道网络成为关键。案例中分别介绍了利用直接挤出成型制造、牺牲材料制造、凝胶片层黏合叠加技术等打印空心流道的技术思路。另外，我国创新性提出的基于同轴喷头进行细胞打印的工艺提高了打印质量，确保了组织强度，满足了产品的功能需求。

未来，增材制造技术的发展将体现出精密化、低碳化、智能化等发展趋势。

（1）精密化与高效化

目前，增材制造装备的精度均可控制在 0.01mm 水平，作为日常用品精度足够，但作为高端产品精度仍不如人意，增材制造效率还远不适应大规模生产的需求，增材制造精度与速度之间存在冲突，增材制造效率与其他制造方式相比，尚存在一定差距。可通过原理改进与结构改进，提高增材制造的速度和精度，增强制品的表面质量、力学性能和物理性能。

（2）绿色化与低碳化

从环保角度来看，增材制造的前景激动人心。从原理上说，增材制造技术通过逐层增材制造实现生产，仅消耗产品本身所需要的材料，不会留下大量废料。另外，随着技术的进一步发展，增材制造技术将具有更准确、更灵活的制造能力，提高制造性能，减少能源消耗。材料科学的发展将促进增材制造材料的进一步改进，能够使用可循环、可生物降解、可再利用以及无毒、有可持续来源的材料，达到绿色制造、低碳制造的目标。

（3）网络化与智能化

与互联网技术、大数据平台相结合的增材制造技术将引领一个自由、开放的制造新时代。通过使用在线平台和数码工具，个人将可通过互联网参与到广泛的协同设计与分布式制造中。设计师通过互联网与用户进行广泛沟通，形成一种新型的 D2U（Designer to User）的商业模式。通过设有 3D 打印装备的分布式制造点，可以为周围普通用户提供个性化定制的产品。此外，与大数据平台相对接的增材制造技术将产生更大的价值。通过对广泛人群需求的采样、聚集，将信息汇聚到云计算中心，形成规模庞大、可详尽分析的抽象数据，结合 3D 打印定制化生产的特点和传统制造批量生产的优势，将虚拟的数据对象转化成为更具价值的实体成品。

增材制造在工业领域和生活领域的应用相对较少，还处于发展期和壮大期。与创新设计相结合的增材制造技术将带来制造思想、设计理念的创新，实现产品设计、原理、技术的长足发展。

铸造成型与复合加工装备创新设计

引 言

铸造是将金属熔炼成符合一定要求的液体并浇入铸型，经冷却凝固、清整处理后得到有预定形状、尺寸和性能的铸件的工艺过程。铸造毛坯近乎成型，免机械加工或少量加工，降低了成本并在一定程度上减少了时间。铸造是现代制造工业的基础工艺之一。

铸造种类很多，按造型方法可分为：

1）普通砂型铸造，包括湿砂型、干砂型和化学硬化砂型三类。典型砂型铸造如图 5.1 所示。

2）特种铸造，按造型材料又可分为以天然矿产砂石为主要造型材料的特种铸造（如熔模铸造、泥型铸造、铸造车间壳型铸造、负压铸造、实型铸造、陶瓷型铸造等）和以金属为主要铸型材料的特种铸造（如金属型铸造、压力铸造、连续铸造、低压铸造、离心铸造等）两类。

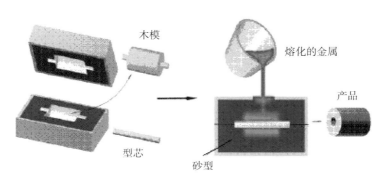

图 5.1　砂型铸造示意图

铸造是比较经济的毛坯成型方法，对于形状复杂的零件更能显示出它的经济性。铸造工业是获得机械产品毛坯的主要方法，是机械制造工业的重要基础，是国民经济的基础工业之一。铸造是铸、锻、焊、机加工四大主体成型技术之一。世界上80%以上铸件都要依靠木模等翻砂铸造。大型、复杂、高质量铸件是一个国家综合国力的重要标志。

我国铸造企业3万多家，年铸件产量4000万吨以上，连续12年世界排名第一。我国是一个铸造大国但不是铸造强国，在质量、粗糙度、精度、结构等方面都与国际一流产品有较大的差距。我国铸造企业产品多为毛坯件和半成品，难以满足大型企业铸造产品的需求。龙头骨干铸造企业大部分是为国内外知名企业提供大型铸件加工，没有形成自身品牌和技术，高附加值产品较少，"高、新、特、精"铸造产品品种不多，尤其是精密铸造较为薄弱。在设备装置方面，金属熔化炉多数为小吨位铸铁冲天炉，设备陈旧、能耗相对较高；在工艺技术方面，工艺设计、模具加工、铸造机械化水平和模具精度、性能、配套性、可靠性水平较差。由于熔炼设备、检测设备的简陋，精密铸造发展滞后，废品率比较高。我国铸造业节能降耗与环境污染压力大。铸件能耗较高，约为900kg标煤/吨铸件，在生产过程中产生的噪声、烟尘、有害气体排放对周围环境造成污染。因此，研究新型铸造成型设备具有重要意义。

复合加工技术是指当工件装入机床后，顺序地或并发地使用多种制造方法尽可能多地完成零件的表面加工。复合加工制造技术在水力发电、透平机械等很多领域得到了广泛的应用。

5.1 无模铸造成型装备案例

案例主要技术参数

铸造行业是制造业的基础行业，汽车内燃机中铸件的重量占总重的 70% ～ 90%；机床、拖拉机、液压泵、阀和通用机械中铸件重量占 65% ～ 80%；矿冶、能源、航空航天和国防军工等工业的重、大、难装备中铸件都占较大的比重，同时起重要作用。我国汽车铸件占铸件总产量的 20% 左右，汽车发动机缸体、缸盖、变速箱壳体、进气歧管、排气歧管、车轮轮毂等都是铸件。随着汽车等行业竞争的加剧，中国一汽、中国二汽、广西玉柴等企业每年都有大量的铸件新产品需要开发，采用传统的有模铸造方法进行汽车发动机缸体、缸盖等复杂金属铸件的试制，存在着"高投入、高能耗、高污染，低质量、低效益、低产出"的问题，迫切需要新的快速、高效大型复杂金属件的制造工艺和设备。目前，我国铸造行业的不足主要表现在以下几个方面：

（1）缺乏新产品自主快速开发技术和装备，制约装备制造自主研发步伐

复杂铸造零部件（如图 5.2）的铸型模具加工及组装复杂，制造周期长且难以修模，在汽车发动机、航空发动机、航空泵阀等结构复杂、壁厚不均的金属件制作铸型过程中暴露的问题尤为突出，例如汽车发动机缸体铸型芯制作，需要多套模具设计开发。铸造零件的集成化、精确化、轻量化的发展，使铸件的结构日趋复杂化和大型化，加大了新型铸件铸型制作的难度。由于对产品要求的提高，对铸造技术、工艺和装备的整体水平也提出了更高的要求：材质强度高、均匀性好，铸件尺寸精度、表面粗糙度要求也更加严格。但是目前国内铸铁的铸造工艺水平与国外相比仍然存在着巨大的差距，主要体现在铸铁熔炼技术水平低、原材料控制不严、造型线和制芯机等依赖国外等方面。

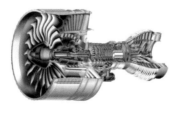

图 5.2　汽车发动机 – 航空发动机 – 核电汽轮机叶片

（2）有模制造周期长、成本高，难以满足制造业小批量、个性化发展需求

随着市场竞争的日趋激烈，多品种、小批量、个性化、短周期的发展趋势变得日益明显，传统的有模制造技术越来越难以应对短交货期、高精度、低成本铸件制造的迫切需求。以往的产品开发技术和手段已经远远不能够满足新产品开发的技术、质量和速度要求。因为复杂铸造零部件的铸型模具加工及组装复杂，制造周期长，所以在复杂铸造零部件开发中暴露的问题尤为突出。例如发动机缸体等复杂金属零件，往往需要数副甚至数十副模具才能成型，模具费用需要几十万元甚至几百万元以上，制造周期长达数月甚至 1 年以上。

（3）铸型制造工艺落后、加工余量大，导致原材料浪费、成品率低

以汽车大型发动机为典型代表的复杂铸件常处于高温、高压等工作状态，因此对其性能及质量要求高，同时铸件尺寸大、结构形状复杂、壁厚厚薄悬殊，造成制造难度大。与工业发达国家相比，国内金属件开发仍然广泛沿用传统的有模铸造技术。根据金属件的二维 CAD 模型设计铸型和制造铸型所用的模具，通过手工的方式制造木模，遇到复杂的铸模还需要采取机加工的方式制造金属模具或者塑料模具，然后再通过翻模得到铸型和砂芯，合箱浇注出金属件。整个过程环节较多，人为影响因素大，且存在精度损失，难以制造出高精度、表面质量好的铸型。传统铸型生产方法的不确定性和复杂性制约了其铸件尤其是大型铸件生产。

（4）国外技术垄断和产品壁垒，使国内高质量铸件制造受制于人

以汽车缸体缸盖、航空发动机、导弹架等为代表的复杂金属件生产过程复杂，质量要求高。在进行这些金属件尤其是新产品开发阶段制造时，国外公司往往要价很高，而且存在核心技术泄密的问题。一些关键的制造工艺与

设备发达国家更不会轻易转让，航空航天、国防军工用等高质量铸件制造摆脱不了受制于人的局面。尤其是涉及国防军工、航空航天等关系到国家安全的金属件无模化制造关键技术、材料及装备，欧美等发达国家对我国采取重点技术封锁和产品禁运。

国外通用、福特、宝马等大企业非常注重先进制造技术在铸造中的应用，在新产品的开发中广泛应用 3D 打印等先进的快速制造技术，加快新产品的研发速度。福特汽车公司使用 EXOne 公司的 3D 打印机打印气缸体模型和变速器配件的原型模型，采用 3D 打印技术打印发动机模型仅需 4 天，费用仅为 3000 美元。福特商用车搭载的 3.5 升 EcoBoost 发动机中的许多部件也都是采用快速成型技术开发的。此外，排气歧管、差速器壳、油盘差速器外壳等部件也采用了快速成型技术。

近年来，虽然出现了基于快速原型的金属件铸型制造工艺，但与传统的木模翻制工艺相比，模具的尺寸和大小受快速成型机台面尺寸和精度所限制，且制造成本高，不适合大型的复杂铸件的制造。结合大型复杂金属件快速制造、绿色制造的需求，大型复杂金属件无模化快速精密成型制造方法，不需要传统的铸造模样，就可以获得浇注的铸型。这种方法不仅制造速度快，而且精度高，具有数字化、精密化、柔性化、绿色化等特点，是一种基于资源节约与环境友好的精确成型制造方法，是实现大型铸件高质、高效、绿色制造的关键设备。

铸造产品现在追求更好的综合性能，更高的精度，更少的加工余量和更光洁的表面。为适应这些要求，无模铸造便应运而生。无模铸造相对于传统的铸造而言，省去了中间木模、金属模的制造过程，由模型直接到砂型，然后浇注成为金属件。其方法更适合于单件、小批量产品的制造，整个制造周期更短、精度更高，对于新产品的试制及小批量产品的生产制造起着显著的促进作用。

我国先进成型技术与装备国家重点实验室提出一种数字化无模铸造技术，开发出系列化砂型高速高精制造的数字化无模铸造精密成型装备（如图 5.3 所示），该系列化设备的结构设计适应砂型高速高精加工的苛刻条件。采用刀具进行 X/Y/Z/A/C 五轴运动，使设备功率由通常的几十千瓦减少至十几千瓦；采用迷宫式防尘装置，实现了运动系统的防砂防尘；采用双 X 轴电器同步控制代替繁琐机械同步，显著提高了可靠性。提出直线、圆弧和样条插值耦合运动控制算法，开发出包含二次路径优化、固化砂型加工工艺参数的专用数据接口管理软件，可有效提高加工效率。采用刀具进行 XYZ 三维运动，使设备功率由通常的几十千瓦减少至十几千瓦；采用"NC+PC"的控制模式，形成一个高度开放的控制系统，满足无模铸型加工工艺的特殊要求；通过模块化设计来提高设备运行的稳定性和可靠性。

（a）CAMTC-SMM1000

（b）CAMTC-SMM1500

（c）CAMTC-SMM2000

（d）CAMTC-SMM5000

图 5.3　系列化数字化无模铸造精密成型机

数字化无模铸造成型即不用模具而制造出的用于铸造的模型，其中包括用于砂型铸造的砂型及用于精密铸造的蜡模模型、陶瓷型、石膏型等。使用此技术完全颠覆了传统铸造的先开模具后制型的方式，通过利用无模铸造加工设备对铸造直接成型加工。此种工艺方法因省去了模具设计及制造时间，使铸件的开发速度较传统工艺有非常大的提升。

数字化无模铸造原理是通过砂型建模及剖分，砂型分析及路径规划，驱动无模铸造成型机直接切削制造出砂型、砂芯，坎合（Bumpy-ridge）组装后浇注出高质量铸件，如图5.4所示。根据提出的铸型剖分原则，进行三维CAD模型分模，结合固化的加工工艺参数进行砂型切削路径优化，驱动研制的专用成型设备、采用研制的专用刀具直接进行砂型高速高效切削加工，产生的废砂通过研制的气动辅助排砂系统实时排除，将加工的砂型、砂芯坎合组装成自适应铸型或复合材料铸型后，主动适应铸件凝固过程，制造出复杂高质量铸件或金属模具。

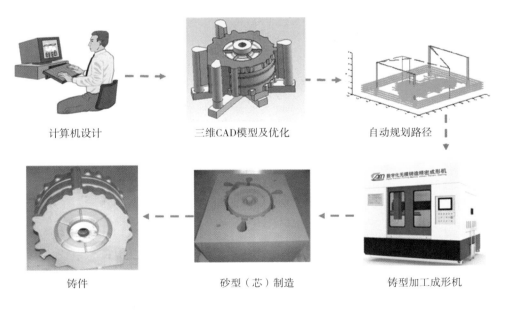

| 计算机设计 | 三维CAD模型及优化 | 自动规划路径 |
| 铸件 | 砂型（芯）制造 | 铸型加工成形机 |

图 5.4　数字化无模铸造精密成型技术及装备

数字化无模铸造精密成型技术及装备，攻克了高质量铸件制造难、砂型高速加工中刀具磨损及崩刃、刀具寿命短、加工废砂型内堆积、加工效率及自动化程度低等技术难题，涉及如下关键技术：

　　1）砂型专用刀具。针对砂型加工普通刀具存在耐磨性差、易崩刃、难以满足铸型深腔加工要求等问题，开发了专用高耐磨、长柄长寿命砂型加工专用刀具，解决了砂型高速加工中刀具磨损、崩刃等工程科学难题，所开发的刀具可连续切削 1000h 以上，解决了刀具磨损失效、砂型高精切削加工等难题。

　　2）刀具冷却及排砂一体化。针对加工废砂易堆积在型内，不能用冷却液冷却刀具等难题，研发了随动式气动辅助排砂与刀具冷却一体化方法。采用分布在刀具两侧的节气喷嘴，并随切削刀具一起运动实现随动排砂，气流以喷嘴轴线为中心发散小，以较高的速度达到加工平面，并驱动砂粒向四周移动，解决了滞留砂屑影响加工精度、表面质量和刀具寿命的问题。同时，采用高速气流吹砂和负压吸尘相结合的方式，实现了废砂排除和粉尘收集。

　　3）自适应复合铸型。针对铸件由于结构设计不合理以及传热系数、界面换热系数、收缩率的不同造成铸件出现废品的问题，研发了自适应铸型方法。分块的砂型分别由不同材料的型砂混合制成并分别加工，可根据金属件充型、凝固过程中对应力场、温度场的需求，单独地为每一块铸型单元选择型砂，设定收缩率，设计内部是否需要预埋冷铁、冷却管道以及排气管等，并通过表面设计合适的坎合结构类型实现分块铸型自定位自锁紧组装，实现铸型主动适应金属件凝固过程，减少缩孔、缩松、裂纹等铸造缺陷，有效提高铸件质量。

　　4）数字化无模铸造精密成型装备及其软件系统。开发出系列化砂型高速高精制造的数字化无模铸造精密成型装备，可用于树脂砂、水玻璃砂、覆膜砂、石膏、石墨、陶瓷等多种砂型加工制造，满足不同行业的应用需求。

　　以某缸体铸件为例，介绍整个无模铸造创新设计过程。整体开发过程主要包括工艺设计、型芯剖分、砂模加工、组合浇注等环节。

（1）工艺设计

铸件轮廓尺寸为 615mm×235mm×100mm，最薄壁厚处为 6mm，材质为 HT250。如图 5.5 所示为，采用底注式浇注系统，减少对复杂砂芯的冲击力，顶部设计冒口及出气口。浇口比采用半封闭式，增大横浇道断面，可减缓金属液在横浇道的流动速度，提高冲型稳定性，强化挡渣能力。通过对所设计的浇冒工艺进行数值模拟，得到优化方案。

|（a）CAD 模型图 | （b）浇冒工艺图 | （c）铸造模拟图 |

图 5.5　某缸体浇冒工艺设计

（2）型芯剖分

根据设计后带浇冒工艺的铸件 CAD 图，通过三维软件中进行布尔运算，计算生成铸件对应空腔部分（即为砂型和砂芯部分）。根据铸件结构特征，将对应的砂型和砂芯进行分割处理。考虑到不同砂模间的组合安装与加工工艺需求，将剖分后的砂模适当添加辅助结构，便于后期加工与装配。图 5.6 所示为剖分后生成的对应分块砂型的效果图。

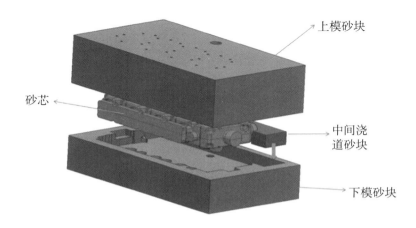

图 5.6　砂型分块爆炸图

（3）砂型加工

将分割好的铸型CAD模型导入到CAM软件中编写加工程序。采用路径加工软件进行路径模拟、加工仿真和程序生成。铸型加工分为粗加工和精加工两个阶段。编程中，选择跟随部件的方式生成加工代码，粗加工阶段采用去除大部分余料的型腔铣方式，为方便排除砂屑，采用层优先的加工策略，将大致轮廓铣削成型；精加工阶段采用深度加工轮廓铣方式，为节约加工时间，采用深度优先和混合铣的加工策略，层之间的连接采用沿部件斜进刀方式，选择在层之间切削，以提高表面质量。本铸件砂型毛坯采用70/140目树脂砂，粗加工用16mm专用刀具，切削进给量为6mm，采用型腔铣；精加工用8mm专用刀具，切削进给量为0.3mm，采用轮廓铣。

（4）组合浇注

在铸型上下砂型和砂芯分别加工完毕后即可合箱浇注。铸型组装工序是获得具有一定质量和精度的合格铸件的基础。铸型的装配将直接影响铸件的精度和浇注的成败。砂型之间采用凹凸结构和圆台结构定位，砂型和砂芯之间以芯头和定位槽定位，在实际组装过程中铸型结合面的四周，均采用封箱膏密封，防止金属液流入，造成披缝。图5.7为砂型组合后浇注出铸件。

（a）砂模组合　　　　　　　　　　　　　（b）铸件

图5.7　组合浇注图

数字化无模铸造精密成型装备已经在西班牙TECNALIA研究院、中国一汽、广西玉柴、中国一拖、中国航天等80多个企业推广应用，并开发出缸体缸盖、齿轮箱、飞机发动机匣体等铸铁、铸钢、铝合金上千余种复杂零部件。建立推广应用示范基地10个，取得了良好的社会效益和经济效益，为传统铸造升级换代，铸造大国向铸造强国转变提供了重要技术支撑，满足了国防航天、汽车船舶等领域大型、复杂、高质量铸件迫切需求，推进了铸造行业数字化、精密化、绿色化进程。

如广西玉柴机器股份有限公司应用数字化无模铸造成型技术，用于柴油机领域的气缸体零件制造，如图 5.8 ~ 5.10 所示，零件铸件毛坯尺寸为 2730mm×1030mm×960mm，重约 3.5t，整套砂型尺寸为 3360mm×1410mm×1500mm，组芯后整个砂型重约 17t。采用传统铸造工艺需模具 15 套，周期 90 天，成本约 200 多万元；采用数字化无模铸造，从 CAD 设计到铸件只需 30 天（砂型加工 20 天），成本 6 万元左右，节省模具费 200 万元，减少模具制造加工时间 60 天。

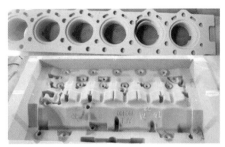 

图 5.8　MG100 发动机重机机体砂模及铸件

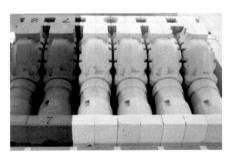 

图 5.9　TD100 发动机重机机体及铸件

图 5.10　TC100 发动机重机机体及铸件

该项创新替代传统铸造所需的木模，节约了优质木材；取消了拔模斜度，提高精度并减重，节约了金属；自动化砂型制造，废砂回收利用，实现了绿色制造。在汽车、机床、航空航天、国防军工、工程机械、液压泵阀等行业具有广阔的应用前景。

中国一汽采用数字化无模铸造技术及装备，完成了多种汽车零部件的快速开发试制。图 5.11、图 5.12 为前轮毂体件、齿轮壳体开发过程，均可在 5 天内完成。

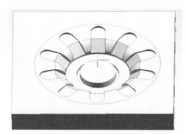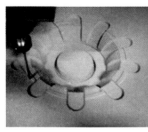

（a）CAD 模型　　　　　　　（b）砂模　　　　　　　（c）铸件

图 5.11　轮毂铸件无模铸造

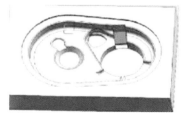

（a）CAD 模型　　　　　　　（b）砂模　　　　　　　（c）铸件

图 5.12　齿轮外壳铸件无模铸造

创新设计特征分析

传统汽车发动机缸体、缸盖等复杂金属件开发，多是以零部件木模/金属模具为基础，所进行的设计加工调试和翻模造型制芯过程，是一种有模制造方式。结构复杂铸件如发动机缸体缸盖，在砂型铸造中至少需要 10 ～ 12 套模具，耗时 2 ～ 3 个月，花费 90 万～ 120 万元；一些大型复杂铸件甚至要用几十套模具，周期更长，成本更高，成为快速开发的技术瓶颈，严重制约发展。其工艺流程如图5.13所示。先根据零部件图纸设计铸造工艺，再通过手工或数控方式制造出木模、金属模具等辅助工具，然后再通过翻模得到型芯，最后将型芯组合才能浇注出金属件。

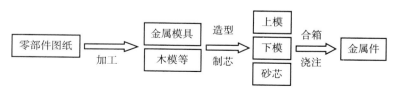

图5.13　传统有模制造成型的流程图

传统有模铸造根据CAD模型需要再进行多套木模或金属模设计、制造及翻砂造型，存在工况恶劣、速度慢、精度差、资源浪费等突出问题。铸造企业中的废铁、废钢等铸件原材料、焦炭等燃料价格不稳定，产品销售价增幅较小，企业利润空间逐渐狭窄。

由于该工艺周期较长，工艺流程繁琐，人工依赖程度高，开发成本居高不下，尤其面对未定型产品开发，不得不重复制造大量辅助木模和模具，严重影响了新产品开发进度和成本，难以满足日益增长的汽车轻量化部件小批量、个性化的快速需求。汽车发动机、航空发动机、导弹发射架等复杂铸件尺寸大、形状复杂、壁厚厚薄悬殊、铸型制作难度大，需用大量模具翻制，尺寸精度难保证，甚至一些好的结构设计难以造型。制约了我国汽车工业自主创新，成为国防军工、航空航天等重大工程的开发瓶颈。

数字化无模铸造技术，利用CAD模型直接驱动设备切削造型，具有绿色制造、速度快、精度好、资源节省等特点。从工艺、材料、软件、设备四个方面发明了无模成型方法、型砂配方、切削工艺、专用刀具、专用软件等成套技术及系列装备。数字化无模铸造，需借助数字化设计、模拟技术和数据优化软件，先根据零部件要求，进行铸件CAD模型设计，得到型芯结构，再进行型芯加工设计和型芯组合工艺设计，然后再将型芯结构逐块加工制造，最后组合浇注合格件。其工艺流程如图5.14所示。

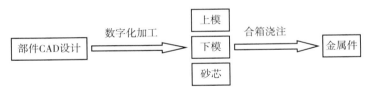

图 5.14　数字化无模铸造成型的流程图

同传统铸型制造技术相比，无模铸造具有无可比拟的优越性，它不仅使铸造过程高度自动化、敏捷化，降低工人劳动强度，而且在技术上突破了传统工艺的许多障碍，使设计、制造的约束条件大大减少。具体表现在以下几个方面：

1）造型时间短：利用传统的方法制造铸型必须先加工模样，无论是普通加工还是数控加工，模样的制造周期都比较长。对于大中型铸件来说，铸型的制造周期一般以月为单位计算。由于采用计算机自动处理，无模铸造工艺的信息处理过程一般只需花费几个小时至几十个小时。所以从制造时间上来看，该工艺具有传统造型方法所无法比拟的优越性。

2）制造成本低：无模铸造工艺的自动化程度高，其设备一次性投资较大，其他生产条件如原砂、树脂等原材料的准备过程与传统的自硬树脂砂造型工艺相同。同时，由于它造型无需模样，而一些大型、复杂铸件的模具的成本较高，所以其收益是明显的。

3）一体化制造：由于传统造型需要起模，因此一般要求沿铸件最大截面处（分型面）将其分开，也就是采用分型造型。这样往往限制了铸件设计的自由度，某些表面和内腔复杂的铸型不得不采用多个分型面，使造型、合箱装配过程的难度大大增加，同时分型造型使铸件产生"飞边"，导致机加工量增大。无模铸造工艺采用离散 / 堆积成型原理，没有起模过程，所以分型面的设计并不是主要障碍。分型面的设计甚至可以根据需要不设置在铸件的最大截面处，而是设在铸件的非关键部位，对于某些铸件，完全可以采用一体化制造方法，即上下型同时成型。一体化造型最显著的优点是省去了合箱装配的定位过程，减少了设计约束和机加工量，使铸件的尺寸精度更容易控制。

4）型、芯同时成型：传统工艺出于起模的考虑，型腔内部一些结构设计成芯，型、芯分开制造，然后再将二者装配起来，装配过程需要准确的定位，还必须考虑芯子的稳定性。无模铸造工艺制造的铸型，型和芯是同时堆积而成，无需装配，位置精度更易保证。

5）易于制造：含自由曲面的铸型传统工艺中，采用普通加工方法制造模样的精度难以保证；数控加工编程复杂，另外涉及刀具干涉等问题。所以，传统工艺不适合制造含自由曲面或曲线的铸件。而基于离散/堆积成型原理的无模铸造工艺，不存在成型的几何约束，因而能够很容易地实现任意复杂形状的造型。

6）造型材料廉价易得：无模铸造工艺所使用的造型材料是普通的铸造用砂，价格低廉，来源广泛；而黏结剂和催化剂也是非常普通的化学材料，成本不高。

数字化无模铸造精密成型技术是一种全新的复杂金属件快速制造方法，能够实现复杂金属件制造的柔性化、数字化、精密化、绿色化、智能化，是铸造技术的革命。不需要木模及模具，缩短了铸造流程，实现了传统铸造行业的数字化制造，特别适合于复杂零部件的快速制造，在节约铸造材料、缩短工艺流程、减少铸造废弃物、提升铸造质量、降低铸件能耗等方面具有显著特色和优势，改变了几千年来铸造需要模具的状况。与传统有模铸件制造相比，数字化无模铸造加工费用仅为有模方法的1/10左右，开发时间缩短50% ~ 80%，制造成本降低30% ~ 50%。传统有模铸造和无模铸造工艺对比如表5.1所示。

表 5.1	传统有模铸造和无模铸造工艺对比表		
指　标	传统有模铸造工艺	数字化无模铸造	对比分析结果
制造周期	30 ~ 90 天	1 ~ 15 天	无模铸造周期更短，缩减50% ~ 80%
造型工序	多次翻型	直接制造	无模铸造流程更短，节约能耗
成型精度	低（CT13 ~ 15）	高（CT8 ~ 12）	无模铸造精度高
生产成本	高（主要是模具）	低（不需要模具）	降低30% ~ 50%
绿色环保	粉尘多、资源消耗大、工作环境差	封闭成型、无工艺补贴量、资源消耗少	无模铸造更绿色化、清洁化
造型自动化	差（单件小批量生产几乎全部手工造型）	高（数字化驱动，直接制造铸型）	无模铸造自动化程度更高

小结

数字化无模铸造技术原理是通过砂型建模及剖分，砂型分析及路径规划，驱动无模铸造成型机直接切削制造出砂型、砂芯，坎合组装后浇注出高质量铸件。

无模铸造相对于传统的铸造而言的，省去了中间木模、金属模的制造过程，由模型直接到砂型，然后浇注成为金属件。使用此技术完全颠覆了传统铸造的先开模具后制型的方式，通过利用无模铸造加工设备对铸造直接成型加工。此种工艺方法因省去了传统模具设计及制造时间，使铸件的开发速度较传统工艺有非常大的提升。

数字化无模铸造精密成型技术及装备，攻克了高质量铸件制造难、砂型高速加工中刀具磨损及崩刃、刀具寿命短、加工废砂型内堆积、加工效率及自动化程度低等技术难题。

本创新技术解决了砂型可加工、切削刀具等技术难题，实现了无模铸造，是铸造技术的革命。无模铸造是一种全新的柔性化、数字化、精密化、绿色化快速制造方法，不需要模样 / 模具造型，缩短了工艺流程，提高了金属件制造工艺的灵活性和可操作性，实现了传统复杂铸件的数字化快速制造。该项研究获得 2015 年国家杰出青年基金资助。

5.2 叶斗复合加工制造案例

案例主要技术参数

冲击式水轮机（Pelton Turbine/ Impulse Water Turbine）是水轮机的一个重要类别，转轮是冲击式水轮机的核心部件，每个转轮上均布若干个水斗。并且水斗的翼型是较复杂的空间曲面，因此水斗的成型是整个转轮制造的关键工艺。

我国企业界研制出一种焊磨复合加工的冲击式水轮机转轮制造装备。通过向后续工序延伸，形成冷热加工（焊接－铣削加工）集成创新，如图 5.15 所示。图 5.16 为采用机器人逐层堆焊的增量方法得到的水斗翼型。

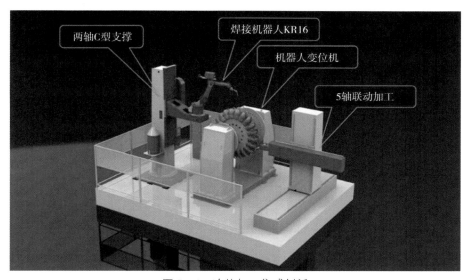

图 5.15　冷热加工集成创新

图 5.16　机器人堆焊装备

创新设计特征分析

水轮机是重要的水电设备，是水力发电行业必不可少的组成部分。图 5.17 是水轮机的一个重要种类——冲击式水轮机，每个转轮上均布若干个水斗。

图 5.17　冲击式水轮机

由于转轮水斗属于大型部件（如图 5.18 所示），其直径一般为 1～3m，更大的可达 4m，重量可达 6t 以上，再加上其型面复杂、结构紧凑、开放性差，加工过程中易出现碰撞、干涉、过切等现象，实现整体数控加工难度较大。

图 5.18　冲击式转轮水斗

水轮机水斗加工的传统工艺路线：水斗部分实体先进行铸造或锻造，再用大型 5 轴加工中心加工水斗翼型，再进行水斗全表面铲磨。传统"铸造－加工"工艺存在铸件质量不稳定、存在内部缺陷的缺点，因此往往导致在加工过程中才发现铸造缺陷，不易修补，导致返工甚至报废；水斗一次完全成型后形成刀具干涉，需要加长刀杆，再加上水斗材料相对难加工的特性，加工效率低，成本高。传统"锻造－加工"工艺的缺点是，自由锻成型后，水斗部分为一段实体，加工量大，因此，需要一种全新的更加先进的制造方法解决传统制造工艺过程中出现的问题，在保证质量的同时，显著减少加工量。

针对转轮水斗的结构特点和技术要求，我国企业界提出一种全新锻焊结构，其轮盘包括水斗根部，叶斗采用整块不锈钢全锻件，其加工工艺过程为：上 1/3 水斗或 1/4 水斗采用数控加工而成，水斗的前端 2/3 或 3/4 则采用机器人全自动逐层堆焊而成，水斗最终翼型由数控加工而成，最后对水斗全表面进行铲磨抛光。机器人逐层增量进行堆焊，所形成的翼型非常贴近工件最终成型的 3D 数模，可最大程度减少加工量，工件最终成型如图 5.19 所示。

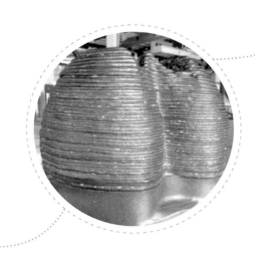

图 5.19　水轮机叶斗的锻焊结构

　　冲击式水轮机转轮的增量制造是传统堆焊工艺、机器人控制技术和计算机技术的紧密结合，使得传统工艺方法在先进制造领域中焕发了新的活力。转轮水斗 3D 数模，分成多个截面导入到自主开发的快速成型软件中，自动生成机器人堆焊轨迹；轨迹规划必须包含各个截面的堆焊轨迹、堆焊顺序、焊枪角度、焊接速度、焊接规范等；通过焊接工艺试验，做到较精确的控制各层堆焊曲面的形状和厚度，留出合适的加工余量。

　　通过两个阶段的工程试验，该技术在加工余量、焊接缺陷、机械性能等方面基本能够满足产品质量要求。使用该技术制造可以大幅度节省材料并减少加工余量，在提高加工效率的同时大幅度降低了生产成本。该技术的应用研究已经向超厚板多层多道焊接领域和狭窄空间内壁熔敷领域拓展。

 小结

　　本创新克服了传统"铸造－加工"工艺存在铸件质量不稳定、存在内部缺陷的缺点；也避免了传统"锻造－加工"工艺自由锻成型后，水斗部分为一段实体，加工量大的缺点使得传统工艺方法在先进制造领域中焕发了新的活力。采用新的锻焊结构，采用机器人逐层堆焊的增量方法得到的水斗翼型满足该产品后续数控加工余量的要求，同时减少了加工余量。

无模铸造制造技术是一种仍在发展完善过程中的高新技术，其本身和应用领域尚需进行大量的开发研究。在制造业竞争日趋激烈的状况下，缩短产品开发周期和减少开发新产品投资成本及风险，已成为企业赖以生存的关键。无模铸造作为一种颠覆传统有模铸造的成型方式，未来将向复杂形态铸件加工、高表面粗糙度要求的铸件加工、高精密的零部件制造成型等方向发展，融合了数控快速加工、新型材料研发、增材制造等前沿技术，以绿色低碳为显著特征，快速响应越来越高的铸件制造要求。

轻量化、精确化、高效化、清洁化将是铸造技术的重要发展方向，铸造成型制造向更轻、更薄、更精、更强、更韧、成本低、流程短、质量高的方向发展。无模铸型制造技术因无需模样、制造时间短、一体化造型、无拔模斜度、可制造含自由曲面（曲线）的铸型和铸型 CAD/CAE/CAM 一体化，是实现铸造过程中的自动化、柔性化、敏捷化的重要途径。

复合加工通过一次装夹以及工序集成完成零件的全部或者大部分加工工序，可以有效提升复杂结构产品的加工效率与加工质量。复合加工的主要优点为：可以实现一次装夹完成全部或者大部分加工工序，从而大大缩短产品制造工艺链，显著提高生产效率；避免或减少工件在不同机床间进行工序转换而增加的工序间输送和等待时间，从而大幅度地缩短零件加工周期；减少工件安装次数，避免安装误差，有利于提高零件的加工精度。复合加工的关键技术包括复合加工工艺规划、复合加工数控编程、复合加工仿真技术等。

随着切削、焊接及机器人等技术的快速发展，复合加工作为一种制造加工的创新方式，将向多工序、多工艺、深度复合的加工方向发展，并与机器视觉、在线监测及质量控制等前沿技术相结合，引发新的加工制造创新。

从发展趋势上看，复合加工装备主要向以下几个方向发展：

（1）更广工艺范围

通过增加特殊功能模块，实现更多工序集成。例如将齿轮加工、内外磨削加工、深孔加工、型腔加工、激光淬火、在线测量等功能集成到复合加工技术上，真正做到复杂零件的更广工艺范围的复合加工。

（2）高效率、大型化

通过配置多动力头、多主轴、多刀架等功能，实现多刀同时加工，提高加工效率。由于大型零件多是结构复杂、要求加工的部位和工序较多、安装定位也较费时费事的零件，而复合加工装备的主要优点之一是减少零件在多工序和多工艺加工过程中的多次重新安装调整和夹紧时间，所以采用复合加工技术进行加工比较有利。因此，目前复合加工装备正向大型化方向发展。

（3）控制智能化

随着人工智能技术的发展，为了满足制造业生产柔性化、制造自动化的发展需求，复合加工装备的智能化程度在不断提高。具体体现在以下两个方面。首先，加工过程自适应控制技术。根据切削等加工条件的变化，自动调节工作参数，使加工过程中能保持最佳工作状态，从而得到较高的加工精度和较小的表面粗糙度，同时也能提高刀具的使用寿命和设备的生产效率。其次，智能故障自诊断与自修复技术。具有自诊断、自修复功能，在整个工作状态中，系统能随时对本身以及与其相连的各种设备进行自诊断、检查。一旦出现故障时，立即采用停机等措施并进行故障报警，提示发生故障的部位、原因等。还可以自动使故障模块脱机，而接通备用模块，以确保无人化工作环境的要求。

针对复合加工装备的发展要求与趋势，发展复合加工装备的先进理念是提高产品质量和缩短产品制造周期。这种装备在军工、航空、航天、船舶以及一些民用工业领域中的应用具有相当大的优势，尤其在航空航天领域一些形状复杂的异形零件的加工中更具优势，因此在航空、航天等众多领域大批采用复合加工装备代替传统的加工设备具有长远的意义。

CHAPTER SIX | 第六章
制造装备服务模式创新设计

引 言

随着客户要求不断提高，装备制造业产品的价值越来越多地依赖于服务的功能、质量、效率和网络。制造装备融合服务的转型势在必行。现代制造企业提供的服务向产品的下游和上游同时延伸。设计服务（Design Service）就是服务向产品上游延伸的相关技术。产品服务系统（Product Service System，PSS）是一种企业在销售产品时同时提供服务的技术，装备制造企业借此可以实现由产品服务分立向产品和服务协同创新转变。"制造业服务创新"是指制造业企业除了提供有形产品，还在服务过程中通过新思想和新技术改善和变革现有服务流程、提高服务质量和服务效率、扩大服务范围、更新服务内容或增加新的服务项目，从而为客户提供更专业化、标准化和个性化的服务，为客户创造价值。与制造业技术创新相比，服务创新更贴近用户，探索的是如何让用户满意，并延长产品的价值链。我国装备制造企业服务化转型和服务创新有很强的动力，但发展水平与发达国家相比仍存在一定差距。

在制造业加快实施转型升级的背景下，制造业发展模式正在发生深刻的变革，制造业和服务业之间的传统界限正在快速消失。传统上，制造业仅是有形产品的生产，但当今制造业难以仅仅依靠产品本身的功能和质量来维持竞争力，制造业的服务化正成为全球产业发展的显著特点和趋势。装备制造业服务已经构成生产中间投入的关键要素，现代服务业和装备制造业的部分边界趋向融合，装备制造业本身就是知识资本密集型产业，需要配置大量的现代知识要素。装备制造业的发展需要现代服务业的有效供给，现代服务业的持续供给保障了装备制造业的创造力与竞争力。这种融合既是装备制造业发展的方向，也是目前全球性的趋势。

6.1 基础制造装备云服务模式创新设计案例

基础制造装备云服务设计

我国机床企业主要投入为零部件加工，而国外发达国家机床企业主要投入为方案设计、机床详细设计、装配设计等高附加值环节，零部件加工采用外协方式。我国机床产业创新设计技术缺失导致机床"知其然，不知其所以然"，高端机床产品创新能力与竞争力落后于国外先进水平。

涡轮叶片、发动机曲轴、高铁轴承、超大型模具、精密丝杠等加工件对数控机床的加工精度、加工效率、表面质量等要求日益严苛，对数控机床主轴性能、进给速度、精度分配、支承件结构性能、动静热特性等方面提出了更高的性能要求，进一步对数控机床模块资源库和结合面特性资源库提出了更高的设计服务要求，如图 6.1 所示。

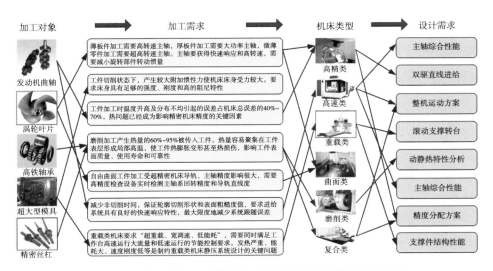

图 6.1　复杂工件加工对数控机床提出了更高的设计服务要求

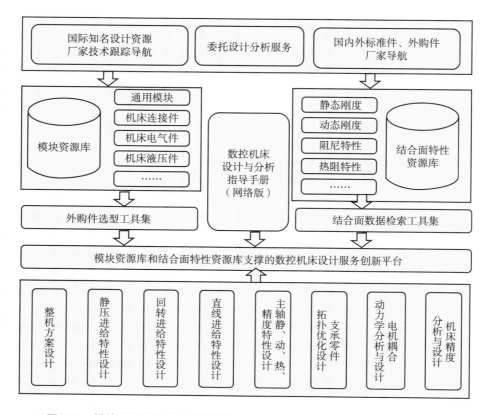

图 6.2　模块资源库和结合面特性资源库支撑的数控机床设计服务创新平台

　　现有的数控机床设计缺乏数据库和知识库的支持，难以实现性能的高精度设计，提出模块资源库和结合面特性资源库支撑的数控机床设计服务创新平台，如图 6.2 所示。模块资源库主要包括通用模块、机床连接件、机床电气件、机床液压件等，结合面特性资源库主要包括静态刚度、动态刚度、阻尼特性、热阻特性等。实现的设计服务有整机方案设计、静压进给特性设计、回转进给特性设计、直线进给特性设计、主轴静动热精度特性设计、支承零件拓扑优化设计、机电耦合动力学分析与设计和机床精度分析与设计。

　　数控机床产业创新设计迫在眉睫。数控机床装备云服务模式创新设计的核心思想是将传统的数控机床零部件制造延伸到机床设计仿真，再延伸到机床设计服务，不断提升数控机床的自主创新设计能力，如图 6.3 所示。

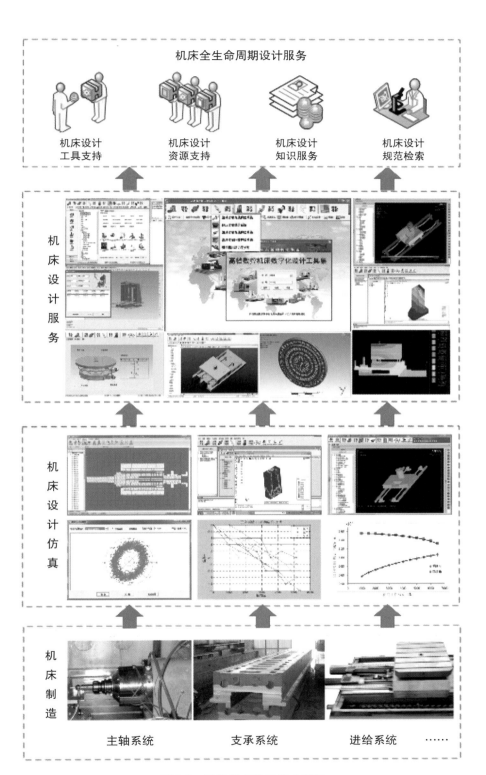

机床全生命周期设计服务

机床设计
工具支持　　机床设计
资源支持　　机床设计
知识服务　　机床设计
规范检索

机床设计服务

机床设计仿真

机床制造

主轴系统　　　　支承系统　　　　进给系统　　……

图 6.3　数控机床服务模式创新

基于云服务模式的数控机床设计资源共享平台如图 6.4 所示，通过搭建完整架构的云计算平台，将机床行业设计所需的各类设计资源（设计手册、零件样本、机床模型、零部件计算工具等）进行收集、整理、归纳、整合，以服务的形式发布到"云"中。机床企业的设计人员作为平台的用户只需要通过数控机床设计资源共享平台门户网站及各种用户界面，就可以访问和使用共享平台的各类云服务，包括机床设计规范、机床设计手册、机床零部件选型工具、机床结合面应用工具等各类数控机床设计资源服务，方便地进行设计手册查找、外购件选型、机床模型调用、零部件设计计算等原本分散于不同渠道的设计工作内容，大大提升设计效率。数控机床设计资源共享平台门户如图 6.5 所示。知识服务本体协同共建的云制造服务平台如图 6.6 所示。

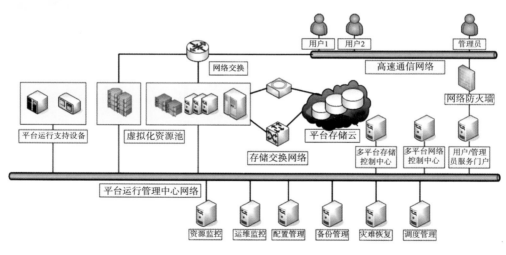

图 6.4　数控机床云服务模式设计资源共享平台架构

图 6.5 数控机床云服务模式设计资源共享平台

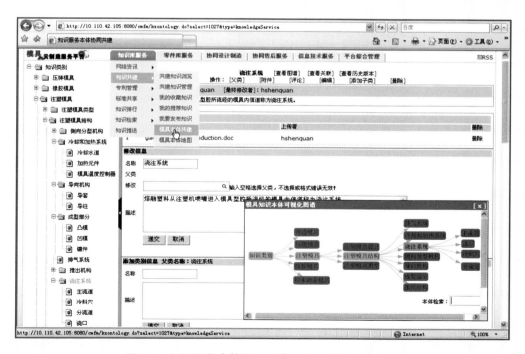

图 6.6 知识服务本体协同共建的云制造服务平台

创新设计特征分析 ·····················

云服务模式可视为是一种面向制造行业、服务于制造领域的特殊的云计算。与一般云计算相比，云服务模式不仅要集成包括计算资源在内的产品全部生命周期所有生产活动的软、硬件元素（智力资源、知识资源、工具资源、能力资源），还要对这些资源进行协调管理，为制造行业建立一个面向服务的资源集成共享平台，使制造企业和个体可以像使用水电一样，按需、随时、随地使用各类资源。云服务模式是面向大制造提出的，它包括了仿真、设计、加工、生产、安装、维修等产品全部生命周期中的各阶段活动。

在制造行业，设计阶段决定了产品总成本的 70% ～ 80%，它是整个产品制造活动中的关键一环，产品设计已经成为制造业的灵魂。制造装备设计资源共享平台通过对设计资源的高效利用，使制造装备设计的效率得到较大的提高，是一种制造装备设计模式的创新。

① 设计资源的快速定位

基础制造装备设计资源共享平台将原本分散、异构的制造装备设计资源进行数字化整合，统一地交付给设计人员使用，降低了设计人员用于寻找设计资源的时间消耗，减少了设计用时。

针对制造装备设计中需要查询各类设计手册的需求，平台可以提供设计手册资源导航服务，在平台上集成设计手册、机械设计手册、液压设计手册、电气设计手册等制造装备设计所需的常用手册资源，通过手册目录、标题、关键字等检索定位手段，快速获得所需的设计知识。

针对制造装备设计中需要进行制造装备各类外购件、标准件选型的需求，平台可以提供零件选型导航服务，向设计人员提供全面的零件样本数据，包括光栅尺、电机、轴承等，可根据参数条件检索出符合设计要求的制造装备零件。在零件样本手册中，收录设计常用的零件样本手册，包括传动类、电气类、功能部件等，按照多层索引的目录结构进行检索浏览。

针对制造装备设计中需要使用多种设计计算小工具的需求，平台可以统一搜集设计人员常用的各类设计计算工具（例如，齿轮设计计算工具、切削用量设计计算工具、轴承设计计算工具等），应用虚拟化接入技术，将这些工具集成到平台中，供设计人员使用。

② 企业设计人员的快速入门

目前在行业中，制造装备的设计与制造过程并无统一的规范可供参考遵循，各个制造装备企业由于技术水平及历史传承等原因，都有自己特定惯用的设计制造方法。但是，初级的制造装备设计，基本都是以设计手册为主要内容的经验设计过程。因此，通过对设计资源共享平台上的各类设计资源的接口进行匹配，将多个独立且相关的设计资源服务根据制造装备企业的不同需求进行组合，形成面向企业设计过程的设计资源组合云服务。企业新员工通过对设计资源组合云服务的使用，能快速了解企业设计所用的设计手册名称、零件样本型号、计算工具类型，掌握制造装备设计过程，并且通过设计资源共享平台的应用，可缩短各类设计资源的操作熟悉过程，迅速进入实际制造装备设计阶段。

③ 行业资源的统一规划整合

对于制造装备行业中公开的设计资源（例如设计手册、零件样本、制造装备标准件、设计计算工具等），可以采用统一整合的方式，作为服务接入公有的资源共享平台，由制造装备行业各个企业共享，避免各个企业进行设计资源收集的重复工作。对于制造装备企业独有的设计资源（制造装备设计案例、制造装备自制件模型、制造装备工艺信息等）可以构建私有的制造装备设计资源共享平台，以企业为单位，在企业内部进行设计资源的共享，兼顾了设计资源的保密性和高效利用性。

这种制造装备行业公有云和企业私有云相结合的混合云服务体系，在考虑制造装备行业现状特点的基础上，最大限度地发挥了制造装备设计资源的设计支撑作用，能结束制造装备行业设计资源孤立、制造装备企业各自为战的局面。通过在设计资源共享平台上加入制造装备制造相关的服务，能大大加强制造装备设计与制造装备制造的联系，提高制造装备设计的科学性，实现制造装备行业的全面发展。

在提高制造装备设计效率的基础上，制造装备设计资源共享平台还有提高制造装备设计性能的潜力。最基本的制造装备设计资源共享平台是将各类制造装备设计资源进行数字化，添加相应的关键字等搜索信息，方便制造装备设计人员的调用。更进一步，需要对制造装备设计资源进行知识化的深度处理。

以制造装备设计手册为例：数字化的制造装备设计手册相比纸质版或者电子文档版本的制造装备设计手册在内容查找上有很大的便利，但是在定位到所需的制造装备知识后，设计人员需要同样花时间阅读手册内容，并将手册知识转化为自己设计制造装备所需的设计计算操作。在这一过程中，数字化的制造装备设计手册不能给设计人员带来制造装备设计水平的提升，制造装备设计的内涵、设计步骤的作用、计算公式的取值等内容都需要设计人员自行理解。

通过对制造装备设计手册进行知识化的深度处理，将制造装备设计过程信息转化为一系列制造装备设计知识元信息，构建支持语义与共享的知识元描述模型，设计人员在请求相关设计资源服务时，将制造装备设计知识元信息通过接口匹配的方式进行组合，代替原本设计手册内容推送给设计人员。

在设计资源整理阶段，通过对原制造装备局部设计流程的解耦及封装，设计人员会将注意力聚焦于各个知识元的连接匹配上，并探索不同制造装备设计流程之间的设计关联关系，有利于提出制造装备设计上的新技术、新方法。

在设计资源服务阶段，设计人员面对知识元化的制造装备设计知识，能把注意力聚焦于关键知识元上，重点学习消化关键知识元的内容，考虑制造装备设计过程、设计参数的优化，提高制造装备设计性能。

小结

　　模式创新是提取创新设计的抽象共性要素，使创新设计能够复用、移植、传播，提升创新设计的影响力。云服务模式的制造装备设计资源共享平台通过对制造装备设计资源的收集、整理、归纳、整合，以数字化资源信息、设计资源知识元等方式提供给制造装备设计人员，加速制造装备设计人员的知识经验积累过程，使设计人员有更充足的时间来考虑制造装备结构优化、性能提升、成本控制等方面的创新设计。制造装备设计资源共享平台的发展特点主要有：

① 服务内容多样化

　　在云服务平台上，原本分散、异构的制造装备设计资源被统一化，具有了相同服务接口，以便制造装备设计人员使用。在使用过程中，制造装备企业和设计人员可以为共享平台添加新的制造装备设计资源，在设计部门、制造装备企业乃至制造装备行业范围内进行设计资源的共享。平台上设计资源的可用规模将快速扩大，可用数量将迅速增加，可用种类将持续增长。丰富多样的制造装备设计资源为制造装备设计人员获取所需的设计知识提供了重要的基础保障，形成了设计资源共享与设计能力提升的良性循环。

② 设计资源主动推送

　　云服务平台可以在了解设计人员设计偏好、知识水平、设计类别等信息基础上，依据设计人员查找设计资源的选用频率、查看点击率、使用时间等因素，结合当前进行的设计制造任务给出差异化的云服务推送，包括手册知识、公式、图表、零件选型、资源库、设计服务、设计规范等内容，实现设计资源的"主动"共享，更好地辅助设计人员进行制造装备设计。

③ 设计资源智能化服务

云服务平台具有学习分析的能力，在制造装备设计资源知识元化的基础上，通过对用户设计资源需求、设计资源内容、设计资源服务效果等信息进行云搜索，利用数据挖掘、自然语言处理等技术进行信息挖掘和信息分析，分析确定各类制造装备设计人员对设计资源的需求分布、各类设计资源对设计过程的支撑贡献、设计资源内容准确完善程度等信息，进而调整、优化云服务平台的相关参数，更准确高效地为制造装备设计人员提供资源服务。同时，云服务平台可以借此将设计资源的扩展重点定位到需求迫切的制造装备设计资源上，完善设计资源内容，修正资源错误，提供更有用的设计资源服务，在资源共享上做到广而精。

6.2 制造装备在线监测诊断创新设计案例

大型透平装备远程监测诊断

全球工业智能化水平的提高为制造业服务化创造了条件。信息技术的迅速发展和普及推动了制造业产品的智能化水平，产品具有了计算、通信、互联等功能。制造企业可以通过嵌入产品的芯片和设备，实时感知产品的内部状态和外在环境，实现对产品全生命周期的管理和服务，并开展各类增值服务。杭州杭氧股份有限公司、沈鼓集团、陕鼓集团为出厂的成套机械装备配备在线状态监测及分析系统，并以此为基础，成立"服务平台远程监测诊断中心"，监视机组的运行状态，判断其是否正常，利用远程监测系统，密切关注机组振动波动、运行趋势、报警等；通过对当前和历史数据的分析，利用图、谱、表及其他手段判断机组的状态，预测将来发生的趋势，并提供消除故障的思路；通过长期对机组状态的监测对运行和维修提供指导性建议。服务平台远程监测中心是我国传统工业企业向服务经济战略转型的重要一步，

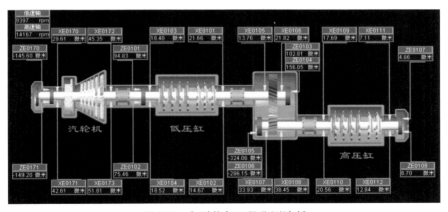

图 6.7　大型装备远程监测诊断

为未来开展个性化服务奠定了坚实的基础，如图 6.7 所示。大型装备远程监测诊断的压力、温度、流量等数据如图 6.8 所示。

图 6.8　大型装备远程监测诊断数据

发达国家现在已出现了专门从事产品设计和服务的企业，企业本身不从事制造生产，主要进行产品的开发设计和专利、标准服务，向生产企业提供产品图纸和技术咨询服务，收取生产许可费，例如汽车设计、发动机设计、风力发电设备设计等。美国、日本、意大利等都有很多专业设计公司，聚集了大量的专业设计人才。我国装备制造企业要从单纯加工型向设计生产服务型转变，培育具有"恒星效应"和"磁场效应"的龙头企业，提升重点骨干企业的自主设计水平，引导和培育一大批制造企业向输出"设计服务"转变。我国装备制造企业输出解决方案的能力，扩大了集成创新领域，以不断适应新领域产品设计和未来产业竞争的需要，增强工程承包能力。在数控机床行业，扩大集成创新领域，制造业向服务模式延伸，体现在由关注数控机床的设计效率拓展到关注数控机床的使用性能，由按订单生产拓展到为解决工程方案而生产。在注塑装备行业，扩大集成创新领域，制造业向服务模式延伸体现在将注塑装备制造拓展到注塑装备与模具工装的集成，再拓展到模具型腔乃至产品外形设计。在空分装备行业，扩大集成创新领域，体现在将空分成套工艺设备拓展到提供工程设计和安装服务，再拓展到全面的空分设计采购施工总包，最后拓展到提供空分全生命周期服务。如图 6.9 所示。

创新设计特征分析

① **制造装备客户需求的创新设计**

"制造业服务创新"是指制造业企业除了提供有形产品，还在服务过程中通过新思想和新技术改善和变革现有服务流程、提高服务质量和服务效率、扩大服务范围、更新服务内容

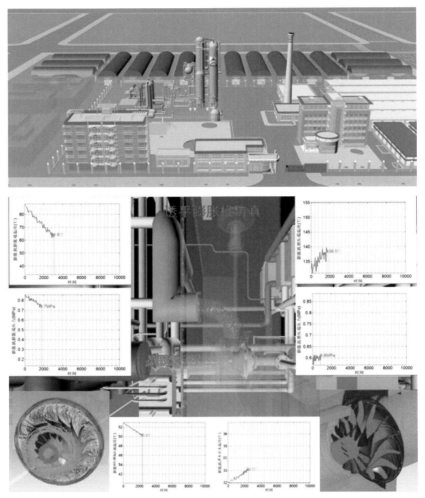

出入口流体流量变化大、含液率不稳定、转子转速高

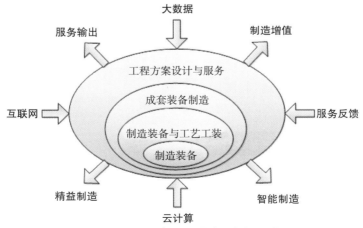

图 6.9 制造装备服务模式的创新设计

或增加新的服务项目，从而为客户提供更专业化、标准化或个性化的服务，为客户创造价值。与制造业技术创新相比，服务创新更贴近用户，探索的是如何让用户满意，并延长产品的价值链。制造业为客户提供感受产品、反馈意见的平台，提升客户的拥有体验和产品品牌影响力，并且通过分析客户反馈改善企业运营流程、产品和服务质量。企业利用对自己产品的专业知识获得服务的增值收益，并能够更牢固地锁定用户，有利于新技术在现有用户群中推广，有利于建立企业与用户之间的长期合作关系，提高保护用户利益的能力。

② 制造业模式向服务延伸的创新设计

在消费者而非产品成为稀缺资源的现代社会，权利正从生产者向消费者转移，以客户为中心的经营理念应运而生，创新和服务逐渐成为整个经济的价值核心。制造业服务化的根本动力是市场需求由"产品"向"产品＋服务"转变。大数据、互联网和云计算技术的快速发展，使我国制造业的基本模式、创造价值的方式都在发生革命性的变化，可以预见，未来装备制造业离不开与服务、商业模式的结合。我国装备制造业只有依靠品质的一致性、可靠性，才能在市场竞争里取胜，而品质又与设计、制造工艺和制造材料密切相关。创新在制造业的表现形式是，在装备制造业精耕深挖，融合了创新思维、互联网思维、价值思维等多个维度在内的创新要素。

③ 紧密协作的价值链由"低端锁定"向"嵌入攀升"转型

服务创新有利于制造业向价值链高端转移，引导价值链由"低端锁定"向"嵌入攀升"转型。高价值环节从制造环节为主向服务环节为主转变。目前，在国际分工较发达的制造业中，产品在生产过程中停留的时间不到全部循环过程的 5％，而处在流通领域的时间要占 95％ 以上；产品在制造过程中的增值不到产品价格的 40％，60％ 以上的增值发生在服务领域。商品价值实现的关键和利润增值空间日益向产业价值链两端的服务环节转移。制造装备开发、营销、配送、维修等价值链增值环节的服务创新，有助于我国制造业摆脱长期处于价值链低端而导致的价格竞争，提高自身在国际产业分工中的地位。装备制造企业要完善制造服务体系，推动服务平台建设；积极稳妥地延伸发展以高附加值制造为核心的上下游产业链，逐步形成优势互补、协调发展的产业格局。如图 6.10 所示。

制造服务出现的背景是：

1）用户对制造服务的需求。企业用户希望通过得到服务，将自己的非核心专业业务外包；用户希望通过消费服务能使自己有更多的可支配时间；许多产品技术含量很高，操作和维护复杂，需要产品制造企业提供更多的服务。

2）制造服务能够促进企业与用户的协同产品创新。产品创新的一些思想往往来自用户，通过服务企业可以搜集用户在使用和维护产品过程中的经验、教训和建议；企业通过服务，可帮助用

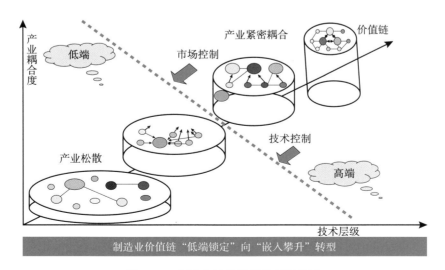

图 6.10　制造业价值链增值创新设计

户自己进行某种程度的产品创新。

3）企业差异化竞争的需要。企业为用户提供独特的服务，这往往是竞争对手难以模仿的。服务需要高素质的员工，需要对庞大的服务链有很强的掌控能力，需要丰富的经验积累。

4）环境保护的需求。制造企业对其产品全生命周期负责已经成为不可抗拒的世界发展潮流。当制造企业永远拥有它所生产的产品，对产品的全生命过程负责时，就会更全面和深入地考虑产品对环境的影响。

5）信息及网络技术对制造服务的推动作用。用户是分散的、大量的，没有信息及网络技术的支持，制造服务化是难以实现的。

不同行业企业的产品不同，制造服务模式也会不同，利用表6.1可以从产品特点选择合适的制造服务模式。

表 6.1	基于产品特点的制造服务模式	
产品特点	企业提供的服务	案例
产品生命周期较长，产品复杂	产品维修、升级换代、改装和回收等服务	数控机床、工程机械
产品复杂，涉及学科多，传统是由多家企业的产品组合而成	产品整体解决方案服务、在线数据采集服务	空分成套装备、注塑装备与模具工装
模块化程度高；拆卸组装方便	咨询服务、客户互动平台服务	模块化家具产品
模块化程度高；拆卸组装需要专业知识和专业仪器	产品定制平台服务；产品装配服务	模块化计算机产品
产品能耗高；随着使用，能耗越来越高；产品使用次数多；希望减少产品使用能耗	产品租赁服务；合同能源管理服务	中央空调、汽车

小结

　　制造业服务化和制造业服务创新是我国制造业升级的重要途径之一，也是工业化、信息化"两化融合"的重要体现。路径创新是通过明确创新设计目标，在已有要素的基础上，寻找创新设计最优路径。

　　制造装备的云制造服务平台发展主要分为两个阶段：平台建设阶段和使用阶段。这两个阶段不断循环：制造装备云制造服务平台为产业价值链提供组织支持、服务支持，服务支持又得到了基于云计算技术的软件、平台及基础设施的支持；反过来，产业价值链的发展又进一步促进云制造服务平台的发展。最终通过制造装备行业联盟组织广大企业参与、协同建设和使用云制造服务平台，形成平台的正反馈发展循环。

　　我国装备制造企业提供的服务项目大部分为基于产品的延伸服务，未来应向基于客户需求的整体解决方案或独立服务发展，最终实现客户价值和企业利益的"共创共赢"。制造服务的开展对产品服务模式创新设计提出了更高需求。面向制造服务的创新设计方法特点和趋势包括：

　　1）模块化：通过产品模块化支持服务模块化，并有助于产品在制造服务中快速地更新、维修和保养。

　　2）智能化：减少对人的依赖，降低系统操作、维护等的复杂性，提高制造服务的水平。

　　3）个性化：产品满足用户个性化需要，并进一步满足用户在产品使用、维护、更新换代等方面的个性化需要，帮助开展"一对一"服务。

　　4）标准化：产品标准化带动服务标准化，方便开展制造服务，降低成本。

　　5）集成化：产品容易与服务集成，满足制造服务的需要。制造服务的实质就是"产品＋服务"。用户购买实物产品及相关服务，即制造服务包。

6.3 结语

　　我国装备制造企业要加快构建大数据、互联网和云计算融合的现代制造业服务创新体系，包括工程研发、标准体系、软件研发、技术集成、应用开发等，为产业发展搭建良好的技术平台，提供面向产业的大数据产业信息、咨询和技术等服务，支撑装备制造业实现创新发展。

　　装备制造业的服务模式创新是我国实现三个转变"中国制造向中国创造转变、中国速度向中国质量转变、中国产品向中国品牌转变"的重要途径，对装备制造企业提出了更高的要求，对于唤醒我国制造业的创新意识具有重要意义。

　　1）服务创新是我国装备制造业转型升级的重要途径。

　　我国装备制造企业可依靠自身直接向服务转型，或者整合外部资源，通过兼并收购、战略联盟、众创众包等方式借助外力发展创新服务业务。我国装备制造企业的产品质量已达到一定水平，但对于核心技术不足的装备制造企业，通过成本高昂的研发和生产设备改造、工艺流程改进等资本投入继续提升实体装备质量的难度相当大。当单位实体装备质量提升的边际成本大于其边际收益时，装备制造企业便会在一定程度上减弱相应的资源投入强度，并转而寻求其他竞争取胜手段，因此服务创新成为我国装备制造业转型升级的必然选择。客户对全面、专业、个性化服务的需求日益增强，企业难以凭自身力量满足客户全部需求。面对复杂的市场环境，应注重外部资源的众创式创新服务。整合合作伙伴及上下游企业资源将为制造企业的服务创新提供更广泛的支持。

　　2）服务创新的实现对装备制造企业提出了更高的要求。

　　我国装备制造企业有很强的意愿通过挖掘客户需求开发更

高级的服务，但企业尚未全面形成与之相适应的发展战略和创新模式，难以有效利用服务化转型的关键创新资源，包括企业的技术创新资源、管理创新资源、渠道创新资源等。由于以客户需求为引导，并围绕产品生命周期，使生产者和消费者界限变得模糊，服务创新的研发和过程难以由企业独自完成。制造业全球化促进产业分工细化，更加优化了全球或区域的创新资源配置，削弱了装备制造企业的传统优势，差异化战略和服务创新成为装备制造企业竞争的重要手段。

3）服务创新对于唤醒我国制造业的创新意识具有重要意义。

我国已经成为制造大国，但要成为制造强国则必须更加具有创新意识。制造业服务化转型和服务创新最根本的驱动力是客户需求的变化。制造业与信息技术的融合又为制造业服务创新提供了坚实的基础和广阔的市场机会。创新设计是推动产业升级和社会进步的重要因素。融合产学研媒用金不同领域的制造业服务创新，打破了传统的产业界限，为制造企业开辟了新的思路。提高我国制造企业输出解决方案的能力，以不断适应新领域产品设计和未来产业竞争的需要。通过延伸制造业产业链，在产品设计和产品服务中实现价值链增值，同时促进了装备制造业的低碳化、绿色化和智能化水平，减少了同质化恶性竞争、地域经济环境风险以及降低能源消耗与污染，对于我国装备制造业的创新发展具有重要意义。